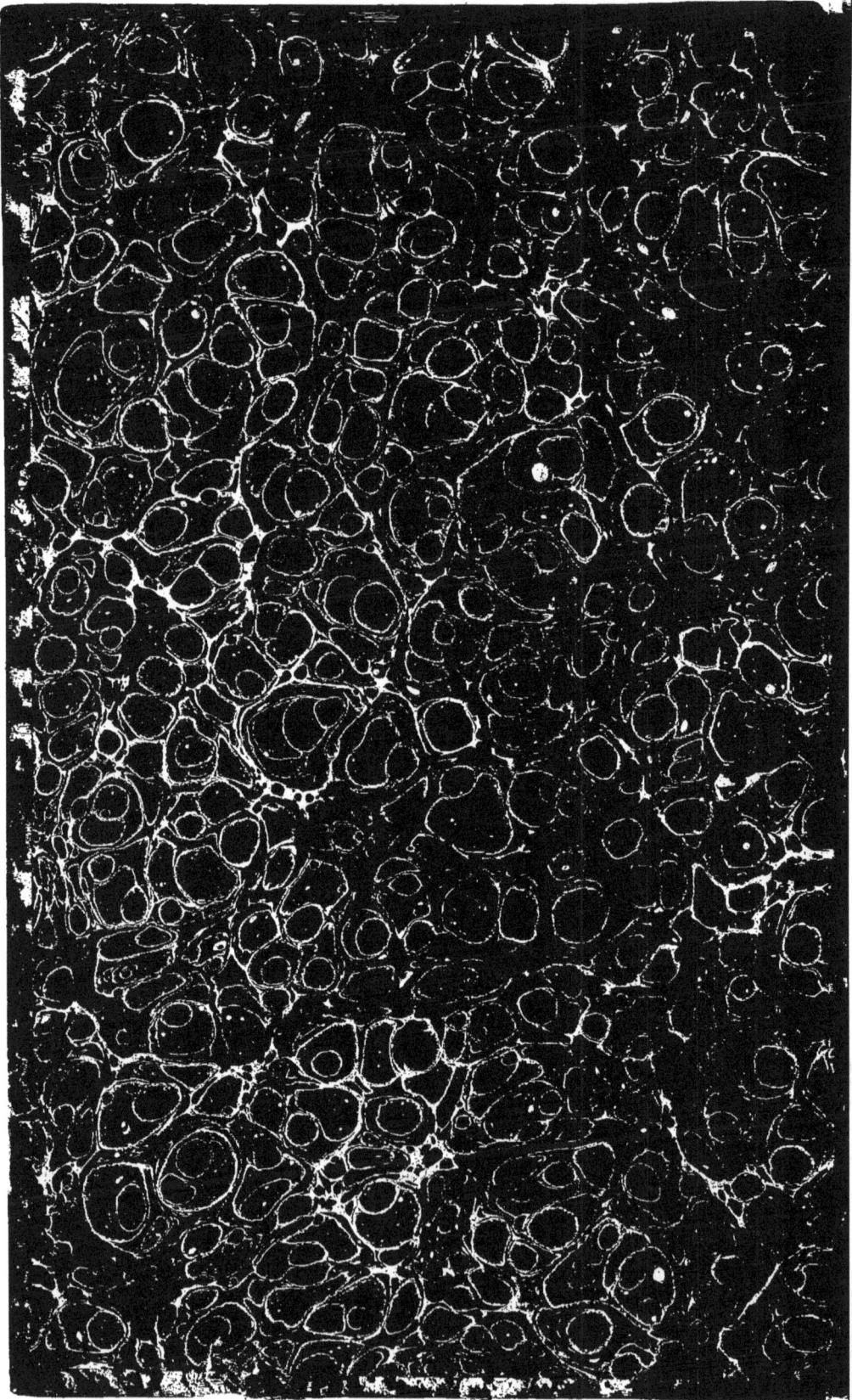

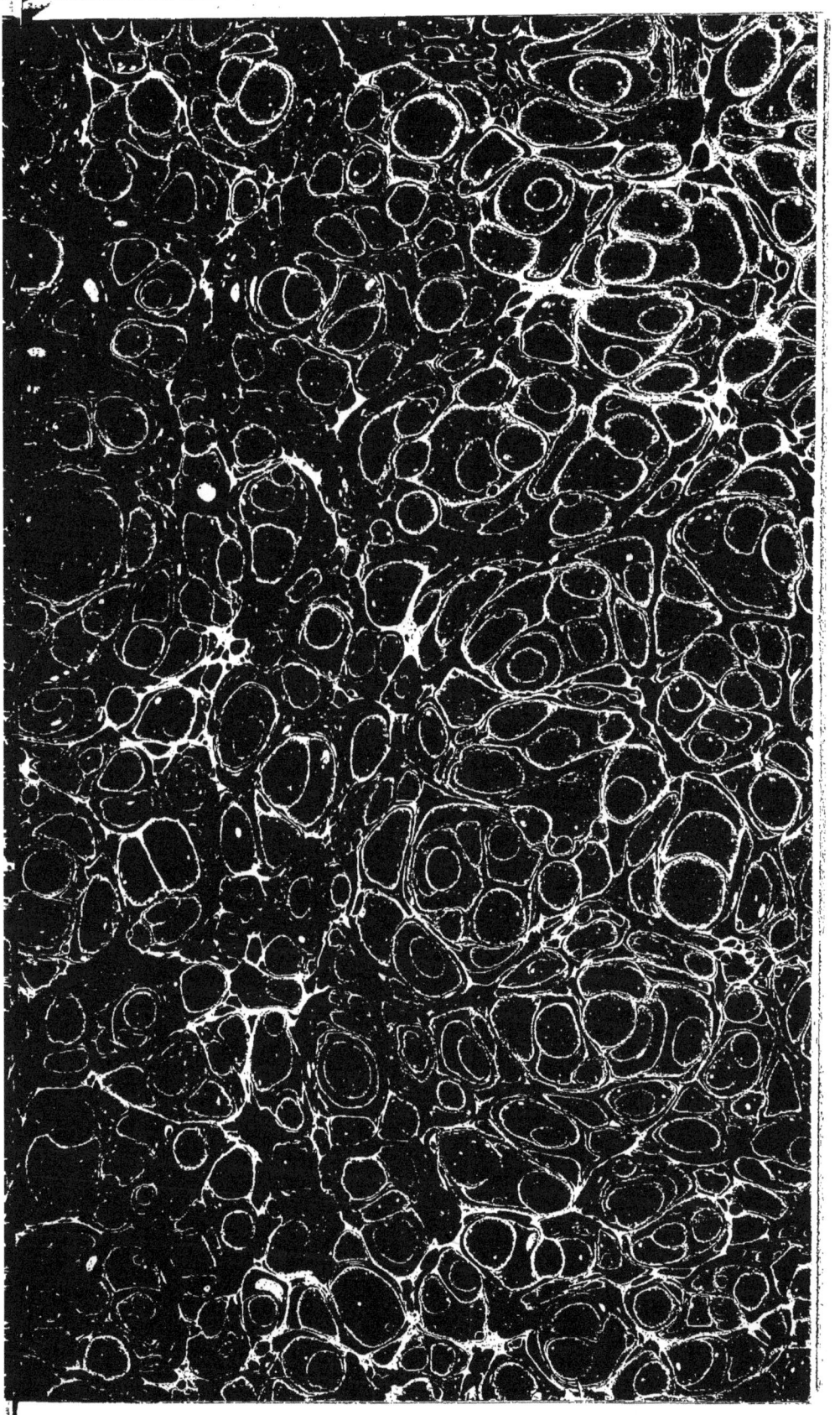

V

30270

DE

L'AIR COMPRIMÉ

ET DILATÉ COMME MOTEUR.

PARIS.— IMPRIMERIE DE BOURGOGNE ET MARTINET
RUE JACOB, 30.

DE
L'AIR COMPRIMÉ

ET DILATÉ

COMME MOTEUR,

OU

DES FORCES NATURELLES

RECUEILLIES

GRATUITEMENT ET MISES EN RÉSERVE,

PAR

M. ANDRAUD.

SECONDE ÉDITION

AUGMENTÉE D'UNE PARTIE EXPÉRIMENTALE,

EN COLLABORATION AVEC

M. TESSIÉ DU MOTAY.

Prix : 3 fr.

PARIS

CHEZ GUILLAUMIN, ÉDITEUR

DU DICTIONNAIRE DU COMMERCE ET DES MARCHANDISES,
GALERIE DE LA BOURSE, 5, PANORAMAS.

1840.

Quand, dans cettuy monde, une nation se fait trop populeuse, les plus mal-endurants s'en vont querir au loin, en quelqu'île déserte, une terre plus plantureuse pour y vivre à l'aise. Il en va de même au monde intellectuel : s'il advient que la masse des idées se sente à l'estroit es vieilles limites de la sapience, les plus hazardeuses sautent par dessus ces limites et courent à la découverte de quelque belle théorie inhabitée pour s'y ébattre joyeusement. Croyez que le temps est venu de telles émigrations : à l'heure qu'il est, quantité d'esprits voyagent, comme ce bon Christophe le génois, à la recherche d'un monde nouveau. — Or, il arrive pour l'ordinaire, car Dieu ainsi le veut, que celui qui le premier voit quelque chose à l'horizon, et le premier crie : Terre ! terre ! est le plus obscur et incognu de l'équipage.   MONTAIGNE.

THÉORIE.

EXPOSITION.

Je me propose de rendre meilleures toutes les conditions de l'industrie humaine, en indiquant l'emploi d'une force immense que la nature nous offre partout avec profusion.

Je dirai comment cette force, recueillie gratuitement, peut se mettre en réserve pour être employée en temps et lieux convenables.

Tous les actes du travail qui donne la vie à nos sociétés s'opèrent par la force brute réglée par l'intelligence. Mais cette force n'a pas été toujours la

1

même ; il est bon d'observer les modifications qu'elle a subies à travers les siècles. Dans les premiers temps, l'homme n'usait que de sa propre force ; plus tard il emprunta celle des animaux domestiques ; plus tard encore, la chute des eaux, et enfin, de nos jours, l'expansion de la vapeur. Or, nous remarquons que la force de l'homme est plus faible et plus coûteuse que celle des animaux ; que la force des animaux est plus faible et plus coûteuse que celle des chutes d'eau, et que la force des chutes d'eau (bien placées) est plus faible et plus coûteuse que celle de la vapeur. Le terme naturel de cette progression est d'arriver à une force d'une puissance indéfinie et qui ne coûte rien.

Eh bien ! cette force, destinée à changer la face du monde matériel, et par suite du monde moral, elle réside dans l'expansion de l'air comprimé par les eaux et par les vents.

DE L'AIR COMPRIMÉ COMME MOTEUR UNIVERSEL.

—

Le fluide qui enveloppe notre globe renferme non seulement tous les éléments de la vie, mais aussi toutes les puissances dynamiques que l'homme doit soumettre aux calculs de son intelligence, et dans lesquelles il doit puiser un jour l'affranchissement du travail matériel.

L'air en liberté se fait toujours équilibre et n'exerce sur les corps aucune pression ; mais lorsqu'il est renfermé et qu'on le resserre dans un espace plus étroit que celui qu'il occupe étant libre, il manifeste une force expansive d'autant plus énergique que la pression est plus considérable.

Pour évaluer cette force d'expansion, on a calculé le poids de l'air ; on a trouvé que sur une base donnée, une colonne d'air qui aurait pour hauteur l'épaisseur de l'atmosphère, pèse autant que le ferait une colonne d'eau de 32 pieds, ou qu'une colonne de mercure de 28 pouces; c'est là ce qu'on appelle le poids de l'atmosphère.

L'air étant compressible à l'infini, on comprend qu'on peut lui donner une force expansive illimitée et le rendre capable de soulever le poids de plusieurs atmosphères. On cite des expériences où l'on a comprimé l'air jusqu'à 114 et même 120 atmosphères; c'est un ressort qu'on bande autant qu'on veut et qui ne casse jamais.

Je viens donc proposer d'admettre l'air comprimé comme agent universel pour la transformation et la conservation des forces naturelles, et de le substituer autant qu'il se pourra à la vapeur d'eau et aux autres agents mécaniques.

J'exposerai les moyens d'exécution qui me paraissent les plus convenables, et je dirai quelles applications peuvent être faites du nouveau moteur au service des usines et fabriques, à la navigation, à la locomotion, à l'agriculture et à d'autres grandes industries inconnues auxquelles ce moteur donnera naissance.

SUPÉRIORITÉ DE L'AIR COMPRIMÉ SUR LA VAPEUR.

—

L'emploi de la vapeur d'eau est accompagné de nécessités fâcheuses, surtout dans le service des bateaux et des locomotives. Cette fumée qui offusque et salit, ces approvisionnements d'eau et de charbon qui encombrent les convois et occasionnent tant de dépenses, ces fournaises si difficiles à conduire et d'où sortent tant de catastrophes, tout cela tempère considérablement la juste admiration que nous inspirent ces prodiges de force et de vitesse. Mais de tous les inconvénients de la vapeur, le plus grand est qu'elle doit être employée au moment même où elle est formée; nuls moyens d'en faire économie ni réserve.

L'air comprimé ne présente aucun de ces désavantages : il se puise partout gratuitement; il est sans pesanteur appréciable; il peut se mettre en réserve et se conserver, comme nous le dirons plus

loin ; un enfant peut sans peine et sans danger en
régler l'émission. Toute la question se réduit donc
quant à présent à substituer aux chaudières, dans
les machines à vapeur, des récipients chargés d'air
comprimé.

Nous ne parlerons pas ici de la solidité qu'il
conviendra de donner à ces récipients ; nous revien-
drons plus tard sur cet objet d'une haute importance ; nous nous bornerons seulement à faire observer qu'à dimensions et résistance égales, un
récipient rempli d'air comprimé pourra subir une
pression beaucoup plus considérable que s'il ren-
fermait de la vapeur ; car dans le premier cas la
température demeure à peu près étrangère à l'action
de la force, tandis que dans le second cas la puissance expansive de la vapeur ne s'obtient et n'agit
que par un développement excessif de chaleur,
et que cette chaleur même tend à désunir les mo-
lécules de la matière dont est composé le récipient ;
d'où il suit qu'on diminue la force de ce récipient
à mesure qu'on l'oblige à résister davantage ; ab-
surdité nécessaire, cause de toutes les explosions.

Admettons donc en principe que tel vase chargé
de vapeur et soumis à l'action d'un feu violent,
éclatera avant d'avoir subi, par exemple, une pression de vingt atmosphères, qui en aurait supporté

soixante s'il eût été chargé à froid d'air comprimé.

Sur ce fait, avoué par la théorie et consacré par
la pratique, repose en partie le système que nous
allons développer.

DE QUELLE MANIÈRE L'AIR COMPRIMÉ POURRA PRODUIRE UN MOUVEMENT RÉGULIER ET CONTINU.

—

Une objection se présente : dans les machines à vapeur, la force motrice produit un mouvement continu parce qu'elle est sans cesse renouvelée par l'action du feu. Comment l'air comprimé remplira-t-il les mêmes conditions, lui qui ne se reproduit pas instantanément ? Le voici :

Supposons un récipient appliqué à une locomotive destinée à parcourir un certain trajet. Admettons que la capacité de ce récipient soit cinq cents fois plus considérable que la capacité du cylindre ou corps de pompe où se meut le piston, et que l'air s'y trouve comprimé à soixante atmosphères.

On sait que les machines à vapeur fonctionnent à la pression commune de trois atmosphères ; il faudra donc régler les choses de telle sorte que l'air passe du récipient dans le cylindre à la pression constante de trois atmosphères, à quoi l'on parviendra au moyen d'un petit récipient intermédiaire auquel je donne le nom de *régulateur*, et que je décrirai en son lieu.

Or notre récipient, chargé à soixante atmosphères, et contenant cinq cents fois la capacité du cylindre, équivaudra à un réservoir contenant dix mille fois la capacité du cylindre à la charge de trois atmosphères. Nous pourrons donc remplir et vider dix mille fois le cylindre, c'est-à-dire obtenir cinq mille *va-et-vient* du piston, ou, en d'autres termes, cinq mille tours de roue. Si la roue porte quatre mètres de circonférence, la locomotive parcourra vingt mille mètres ou cinq lieues.

Les chiffres sur lesquels je viens d'argumenter sont hypothétiques; l'expérience décidera s'ils sont au-dessus ou au-dessous du terme que l'on pourra atteindre. Je voulais seulement établir un principe et non en fixer les limites; je suis néanmoins convaincu qu'il sera facile, avec un seul récipient, de parcourir des trajets de huit à dix mille mètres.

Lorsque je parlerai de l'application du nouveau moteur à la locomotion, j'indiquerai de quelle manière se renouvellera l'air comprimé à chaque station.

DE L'AIR COMPRIMÉ OBTENU GRATUITEMENT.

—

L'air, auquel nous avons reconnu une faculté de compression et une puissance d'élasticité capables de répondre aux besoins les plus étendus de l'industrie, l'air cependant ne nous est pas donné dans cet état de tension qui le rend si précieux. Ce fluide, tel qu'il se présente à nous, se fait perpétuellement équilibre à lui-même, et ne serait ainsi d'aucune utilité pour produire le mouvement. Pour transmettre la force, il faut qu'il l'ait préalablement reçue, et à cet égard il se trouve assujetti à la même nécessité que tous les autres agents mécaniques. Les animaux puisent leur force dans l'alimentation, la vapeur d'eau puise la sienne dans la combustion de la houille. Ce sont là des causes incessantes de dépenses. Pour comprimer l'air, faudra-t-il aussi emprunter à grands frais le secours d'une force étrangère ? Ce serait reculer la difficulté sans la résoudre. Voilà ce qui a toujours arrêté la question, car on sait depuis long-temps toute l'énergie de l'air comprimé, et l'on n'a pas songé à en tirer parti.

Le problème se réduit donc à trouver le moyen de comprimer l'air *gratuitement*. Eh bien, la nature qui renferme tout, vient encore à notre aide ; elle nous présente partout, toujours, et avec profusion, des forces qui ne coûteront que le soin de les recueillir. Ces forces données gratuitement résident dans la *marche des eaux* et dans la *course des vents*. Il y a dans le courant du Rhône mille fois plus de forces qu'il n'en faudrait pour faire mouvoir toutes les mécaniques du monde.

Voici donc ce que je propose : établir partout où besoin sera des roues éoliques et hydrauliques ; adapter à chacune de ces roues une bonne pompe foulante qui comprime l'air dans un récipient, et employer cet air comprimé comme moteur universel. Je donnerai le dessin de nouvelles roues éoliques et hydrauliques propres à opérer cette transformation des forces naturelles.

Remarquez que le système dynamique dont je veux poser les bases ne repose que sur la combinaison ignorée de trois pouvoirs fort connus et pratiqués depuis des siècles ; l'homme n'invente rien, il ne fait que découvrir des rapports. Il y a long-temps que l'air comprimé dans des soufflets active le feu de nos fourneaux; la plupart de nos usines et de nos fabriques se meuvent par l'action des eaux courantes; d'innombrables navires sillonnent les mers en ouvrant leurs ailes au souffle des vents. Mais ces trois puissances n'ont agi jusqu'à ce jour qu'isolément; réunissons-les, et de leur concours nous verrons sortir les merveilles d'un nouveau monde.

DE L'AIR COMPRIMÉ PAR L'ACTION DE LA VAPEUR.

En attendant que l'industrie puisse disposer avec profit du secours gratuit des roues éoliques et hydrauliques pour comprimer l'air, je propose d'employer la force de la vapeur à cette opération. Il est vrai que cette force ainsi transformée représentera une certaine valeur qn'on aurait pu économiser ; mais il restera l'inappréciable avantage d'avoir en réserve une force dont on usera sans embarras en temps utiles et en lieux convenables. Il est bien entendu que cet emploi de la vapeur comme agent de compression, n'est que transitoire. Je ne l'indique qu'en vue de presser le cours des expériences qui seront faites ; le but principal de mon système étant d'obtenir des forces gratuites, il faut qu'on tende à l'emploi général des roues éoliques et hydrauliques.

L'AIR COMPRIMÉ, OU LA FORCE, PEUT SE TRANSVASER, SE TRANSPORTER ET SE METTRE EN RÉSERVE.

—

Les vents et les eaux courantes auxquels nous empruntons la force que nous voulons communiquer à l'air en le comprimant, n'agissent pas d'une manière constante : les vents ne soufflent que par caprice, les eaux tarissent, débordent ou gèlent ; et d'ailleurs les besoins de l'industrie ne sont pas sans interruption ; l'homme qui dirige tout travail, a besoin de repos ; il est donc d'une importance capitale de pouvoir recueillir la force, et de la mettre en réserve pour la transporter là où elle est utile, et l'employer lorsqu'il en est besoin. Or, il est évident que le système que nous proposons répond parfaitement à ces nécessités. Nous avons dit qu'à chacune de nos roues éoliques ou hydrauliques est adaptée une pompe foulante qui comprime l'air dans un récipient ; il est aisé de concevoir qu'il sera facile de détacher ce récipient de la pompe, et d'y substituer un récipient vide, lequel fera plus tard place à un autre, et ainsi de suite. On conçoit également que les vases remplis d'air comprimé au degré voulu, et que nous supposons d'ailleurs hermétiquement fermés, pourront être facilement transportés d'un lieu dans un autre et gardés en réserve. Il faut qu'on arrive à ce point, que chacun puisse avoir des *forces* en magasin, comme on a aujourd'hui des chevaux à l'écurie pour le travail du lendemain. Il s'établira en lieux convenables des réservoirs à poste fixe où chacun viendra, avec son vase vide, puiser de la *force*, moyennant une faible rétribution, comme nous voyons dans Paris les porteurs d'eau emplir leurs tonneaux aux fontaines publiques. La *force* deviendra marchandise qu'on fabriquera et qu'on vendra.

L'AIR POURRA SE COMPRIMER AU DEGRÉ LE PLUS ÉLEVÉ.

—

Je n'entends pas développer ici la théorie des forces ni les principes de leur génération ; ce sont choses connues auxquelles seulement je réserve dans mon système de larges applications ; je me bornerai à dire qu'au moyen des roues éoliques et hydrauliques que je multiplie sur tous les points du territoire pour y récolter les forces gratuitement, on pourra parvenir à comprimer l'air au degré le plus élevé. D'abord je recommande de placer ces agents dans les positions les plus convenables : pour les roues hydrauliques, on choisira les chutes d'eau sans emploi, les courants les plus rapides ; pour les roues éoliques, les hauteurs et les gorges où le vent souffle avec le plus de constance et le plus d'énergie. Je laisse aux mécaniciens le soin d'étudier le meilleur système à employer pour communiquer le mouvement aux pompes foulantes. Ils comprendront que du rapport qui sera établi entre ces pompes et les roues qui les mettront en jeu, résultera le degré de pression exercée sur l'air. Plus sera grand le rayon des roues motrices, eu égard à la force des pompes, plus la pression obtenue sera considérable. Quelle que soit la force première dont on dispose, on arrivera à en obtenir la pression la plus élevée, si on y met le temps.

Quant au degré de pression auquel on pourra parvenir, nous avons, par des expériences faites récemment à Paris sur le gaz hydrogène, acquis l'assurance qu'on pourra atteindre et dépasser soixante atmosphères. Les récipients qui ont servi dans ces expériences n'étaient cependant formés que d'une tôle assez mince. Nous avons déjà dit qu'en Angleterre on a comprimé l'air jusqu'à cent quatorze, et même cent vingt atmosphères. On ira plus loin.

J'ai imaginé un moyen de fouler l'air à un degré indéfini avec des pompes de force médiocre auxquelles je donne le nom de pompes à effet progressif; je me propose d'en faire plus tard l'objet d'un travail spécial. Je me borne, quant à présent, à dire que je fais mouvoir ces pompes dans l'intérieur de récipients qui contiennent déjà de l'air comprimé à un certain degré; les récipients communiquent entre eux au moyen de tuyaux garnis de valves. J'en ai dit assez pour faire comprendre le jeu des pompes intérieures dont chacune refoule de l'air déjà comprimé dans un récipient voisin, contenant de l'air plus comprimé encore. Le présent écrit ne peut, à cause de l'immensité du sujet, que contenir des indications.

Enfin, on obtiendra une très grande augmentation de l'air comprimé si, avant de l'employer, on le dilate par la chaleur. La difficulté sera de combiner l'action simultanée de la compression et de la dilatation. S'il m'est donné d'entreprendre sur cet objet des expériences suivies, je me propose d'essayer une forme de dilateur dont j'attends les meilleurs résultats.

DES ROUES ÉOLIQUES ET HYDRAULIQUES.

—

On préfèrera, lorsqu'on en aura le choix, l'emploi des roues hydrauliques à l'usage des roues éoliques, parce que ordinairement l'action des eaux est plus constante et plus énergique que celle des vents. Mais, dans tous les cas, j'engage les mécaniciens qui s'occuperont de ces agents générateurs de la force, à ne jamais perdre de vue que le but principal de notre système est d'obtenir des forces gratuites : il faudra donc que ces roues à eau ou à vent, de composition simple, mais forte, puissent s'établir à peu de frais, et fonctionner sans entretien ni surveillance. Quant aux formes qu'il faudra donner à ces roues, j'ai déjà dit que je me propose de décrire autre part quelques modèles qui me paraissent convenables ; jusque là je renvoie aux divers traités qui ont pour objet spécial cette partie de la mécanique.

DES POMPES FOULANTES.

—

Nous touchons aux difficultés matérielles de l'affaire. L'ensemble du système des forces gratuites et réservées repose, ce nous semble, sur des données fort simples, et que l'esprit le plus ordinaire peut facilement comprendre ; mais nous ne nous dissimulons pas que beaucoup d'obstacles en ralentiront le développement, à cause de l'extrême précision qu'il faudra apporter dans l'exécution des machines, notamment des pompes et des récipients. L'air est d'une subtilité excessive, et d'autant plus grande qu'il est plus violemment comprimé. Ce ne sera pas trop du concours de tous les ouvriers habiles et de la constance de leurs efforts pour arriver à fabriquer des vases hermétiquement clos et assez forts pour lutter avec avantage contre la force expansive de l'air emprisonné. Au temps où vivait Papin on connaissait parfaitement la puissance de la vapeur ; cet homme éminent a fort bien

expliqué comment on pourrait l'employer comme
moteur au moyen de cylindres où joueraient des
pistons; mais on manquait alors d'ouvriers qui sus-
sent fabriquer des cylindres : il a fallu plus de cent
ans pour en arriver là. Nous sommes à cet égard
dans une position plus heureuse que celle où se
trouvait Papin : aujourd'hui tous les esprits, va-
guement préoccupés de la pensée qui me domine,
sont convaincus que la vapeur n'est pas le dernier
mot de l'industrie : tout le monde pressent quelque chose au-delà, et si ce quelque chose est clai-
rement indiqué ici comme je crois l'avoir fait,
chacun travaillera à en assurer la réalisation; moi-
même j'y ferai de mon mieux : non content d'avoir
posé mon système en théorie, je m'appliquerai à
l'affermir par la pratique.

Les pompes foulantes seront l'agent mécanique
le plus généralement employé pour la génération
des forces gratuites. Ces pompes sont fort connues;
elles s'emploient déjà dans mille circonstances,
mais rarement pour exercer des pressions qui dé-
passent cinq ou six atmosphères. Il y aura donc à
porter une attention particulière sur la fabrication
de ces pompes qui devront pouvoir fonctionner jusqu'à la puissance moyenne de soixante atmosphères. Je conseillerai aussi de les construire à *double*

pression; car la force qui les mettra en mouvement
ne coûtant rien, il n'y aura pas lieu à l'économiser, et il y aura avantage à ne pas perdre de temps,
en ayant soin d'utiliser le va-et-vient du piston qui
opèrera directement d'un seul coup l'aspiration de
l'air et sa pression.

Je rappellerai aussi que ces machines dont on
aura à fabriquer des quantités immenses, devront
pouvoir se vendre à bon marché, et ne pas exiger
de surveillance coûteuse. On aura soin de les en-
fermer dans les boîtes qui les protègent contre tout
accident.

Au reste, je prévois que, dans un temps plus ou
moins éloigné, on se dispensera des pompes, soit
qu'on invente pour comprimer l'air des moyens
plus simples et plus énergiques, soit qu'on se passe
tout-à-fait de la compression pour n'user que de la
dilatation.

DES RÉCIPIENTS.

Voici la pièce capitale du système. Le vase dépositaire de la force doit réunir au plus haut degré possible la solidité et la légèreté. C'est vers ce double but que j'engage les fabricants à diriger leurs efforts. Si les récipients doivent opposer une résistance toujours supérieure aux efforts de l'air comprimé, il ne faut pas oublier non plus qu'ils doivent se transporter facilement d'un lieu dans un autre , et qu'il y a grand intérêt à ce qu'ils ne surchargent pas trop les voitures légères auxquelles on les appliquera comme moteurs. Il y aura surtout nécessité de les construire aussi légers que possible, lorsqu'ils seront employés , comme on le dira, à la locomotion aérienne.

Dans les circonstances où la légèreté du récipient ne sera pas une condition essentielle , et lorsqu'on voudra obtenir un très haut degré de pression, peut-être y aura-t-il avantage à tubuler l'intérieur du récipient et à le consolider à l'extérieur par des cercles sur champ. J'engage à faire des expériences dans le sens de cette indication.

Quant à la matière à employer de préférence pour la fabrication des récipients, les métallurgistes, ou mieux les expérimentateurs, décideront. Je crois le fer doux laminé fort convenable.

Comme on aura besoin de ces récipients pour les usages les plus vulgaires, et que, dans plusieurs circonstances, le bon marché sera une condition indispensable, je crois qu'on pourra construire de ces récipients en bois doublé de zinc et garnis au dehors de bons cercles en fer; on en pourra aussi construire en forte toile doublée de caoutchouc, plusieurs fois repliée sur elle-même.

Quant à la forme, je ne vois rien de mieux que celle qu'on a jusqu'à ce jour adoptée pour les chaudières à vapeur : un cylindre terminé par deux hémisphères. C'est la forme la plus rationnelle après la forme sphérique, laquelle n'est pas admissible à cause de l'incommodité qu'elle présente.

DES RÉSERVOIRS.

—

Les réservoirs ne diffèrent des récipients qu'en ce qu'ils sont établis à poste fixe, qu'ils sont de capacité plus considérable, et construits avec plus de solidité pour supporter une pression plus forte. Les réservoirs reçoivent immédiatement la force que leur communiquent les pompes foulantes, ou sont alimentés par de longs tuyaux qui leur apportent la force recueillie au loin.

Sauf meilleure disposition que l'expérience pourra indiquer, je crois que les réservoirs devront se former d'un ou de plusieurs grands cylindres dont la longueur ne dépassera pas dix mètres, et le diamètre un mètre.

C'est aux réservoirs qu'on viendra, avec des récipients vides, puiser de la force au moyen de tuyaux de communication munis de robinets.

Les réservoirs, ainsi que les récipients, seront enduits à l'extérieur et à l'intérieur ; à l'extérieur.

pour les préserver de l'action de l'air ambiant ; à l'intérieur, pour que l'enduit poussé violemment par l'air comprimé s'introduise dans toutes les fissures ou pores par où cet air pourrait s'échapper.

Cette question de la clôture hermétique des vases dépositaires de la force est capitale. Je recommande particulièrement cet objet à l'attention des fabricants.

D'après le principe des pompes à effet progressif dont il a été parlé plus haut, j'ai imaginé une disposition des récipients et des réservoirs telle qu'on y pourra opérer une pression en quelque sorte indéfinie sans les faire éclater. Au moyen de cette combinaison, un vase de la force de 3o atmosphères en supportera 6o et 9o sans avoir à opposer plus de résistance ; mais il faut pour en venir là qu'on ait perfectionné le système des pistons et des soupapes. J'appellerai ces vases : *récipients à force multiple*.

DU RÉGULATEUR.

Nous avons dit que pour employer l'air comprimé comme moteur, il fallait qu'il passât du récipient qui le renferme, dans le cylindre où joue le piston qui communique le mouvement; mais on conçoit que ce passage de la force doit être réglé de manière à ce qu'elle agisse dans le cylindre avec une puissance constante. Or, si la transmission de l'air comprimé s'opérait directement par une certaine ouverture, il est évident que le piston recevrait un choc violent lorsque l'air comprimé se précipiterait dans le cylindre, ce qui briserait tout ou du moins occasionnerait un mouvement trop rapide. Il est évident aussi que ce mouvement se ralentirait bien vite et qu'il diminuerait à mesure que l'air se déprimerait; de là une action irrégulière dont on ne pourrait rien tirer de bon. La première idée qui se présente pour obvier à ces inconvénients, c'est de n'introduire l'air comprimé dans le cylin-

dre que par une ouverture d'abord fort petite et
qui s'élargit à mesure que la tension de l'air diminue. Ce serait le travail d'un homme intelligent attaché au service du robinet. Mais cette obligation
d'avoir toujours là un homme qui règle l'action de
la force, est un embarras et une cause de dépense
contraire à notre principe, qui est d'obtenir des
forces gratuites. Je veux donc disposer les choses
de telle sorte que l'air comprimé en sortant du récipient, s'ouvre lui-même la porte, de manière à
n'arriver dans le cylindre que sous une pression déterminée. A cet effet, j'ai imaginé un petit appareil dont je donnerai la description en temps convenable. Cet appareil, d'une grande simplicité, a
quelque analogie avec le mécanisme que renferment
les vases à gaz comprimé et que tout le monde
connaît.

Je donne à cet appareil le nom de régulateur; on
l'emploiera de préférence pour toutes les machines
à poste fixe. Quant aux machines qui desserviront
des locomotives, j'indiquerai par quel moyen les
conducteurs peuvent régler la force motrice avec
une extrême facilité.

L'EMPLOI DE L'AIR COMPRIMÉ AMÈNERA UNE GRANDE SIMPLIFICATION DANS LES MACHINES.

—

La substitution de l'air comprimé à la vapeur doit amener à simplifier considérablement les machines : plus de ces énormes approvisionnements d'eau et de charbon, plus de fournaises dévorantes, plus de cheminées, plus de lourdes chaudières ; c'est-à-dire plus de surcharge et d'encombrement, infiniment moins de dépenses. Mais ce n'est pas assez ; de si riches conquêtes nous excitent à pousser plus avant. Ne pourrions-nous pas encore améliorer tout ce mécanisme qui transmet la force ? Par exemple, ce mouvement rectiligne de va-et-vient transformé en mouvement circulaire ; ce cylindre de longueur bornée où, par le jeu alternatif du piston, la force se refoule continuellement sur elle-même et s'épuise ; cette bielle qui agit si misérablement, qu'un grand tiers de la force vient se perdre sur l'axe de la roue qu'il veut faire tourner ; tout

cela m'a toujours déplu. Je voudrais qu'au sortir
du récipient, l'air comprimé vînt agir avec toute
sa force, directement et par la tangente, sur la circonférence de la roue à faire mouvoir, comme l'eau
des moulins tombe sur les roues à augets. De toutes
les améliorations de détail qui doivent résulter de
notre système, il n'en est aucune qui ait été pour
moi l'objet d'une étude plus constante ; car, en dehors même de la question de l'air comprimé, je ne
sache pas qu'il y ait, dans la science dynamique,
un problème plus important à résoudre que le tour-
noiement des roues par l'action immédiate et directe de la force motrice. J'ai voulu connaître ce
qui a été fait à ce sujet en Angleterre, pays de la
mécanique. Watt méditait quelque chose de mieux
que les admirables inventions qu'il nous a laissées
sur les machines à vapeur ; il a écrit quelque part :
« Je me propose de construire des machines à *cylindres annulaires.* » S'il n'a pas résolu le problème,
il lui reste du moins la gloire de l'avoir posé. Beaucoup d'ingénieurs ont attaché leurs noms, par des
essais plus ou moins heureux, à cette question non
encore vidée : Cooke, Welman, Wright, Stadler,
Friman, Ève, Murdock, Hornblower, Flint, Cleeg,
et de nos jours lord Cochrane, ont proposé des
roues à vapeur. Je ne connais pas la machine du

lord ; toutes les autres m'ont paru vicieuses, parce
qu'aucune d'elles n'est construite de manière à
pouvoir instantanément tourner en sens contraire,
et que toutes, celle de Stadler exceptée, comportent des valves à charnières. Quelques essais ont
eu lieu aussi en France : j'ai vu une roue où la vapeur agit par *réaction*, et une autre où elle agit par
entraînement. La puissance de ces deux machines
me semble fort limitée. Il faut de toute nécessité,
pour arriver à une bonne solution, que la vapeur
soit hermétiquement emprisonnée et qu'elle agisse
par *expansion*.

Si, comme j'en ai la conviction, on parvient à
introduire dans la mécanique l'emploi de la roue
à air ou à vapeur, le système de l'air comprimé
en recevra son plus riche complément, surtout,
comme nous le verrons plus loin, en ce qui concerne les actes de locomotion ou de navigation, pour
lesquels le mouvement circulaire pourra s'employer
directement.

Je suis d'avis néanmoins qu'il faut conserver les
cylindres à piston droit pour tous les cas où l'on
emploie directement le mouvement de va-et-vient,
comme dans les machines à fabriquer le chocolat,
dans les scieries à scies droites, dans les pompes de
toute espèce. On a peine à s'expliquer pourquoi,

dans ces différents cas, nos mécaniciens transforment le mouvement de va-et-vient en mouvement circulaire, pour transformer immédiatement ce mouvement circulaire en mouvement de va-et-vient. Il y a là évidemment perte de force et complication inutile des machines.

Cette anomalie mécanique provient sans doute de ce qu'on se sert fort commodément du mouvement circulaire pour obtenir alternativement l'ouverture et la fermeture des robinets ou tiroirs par lesquels la vapeur s'introduit dans le corps de pompe, ou en sort. Mais on peut très bien pour cela se passer du mouvement circulaire; rien n'est plus facile en effet que de confier au piston lui-même le soin d'ouvrir et de fermer la porte à l'air ou à la vapeur. J'en indiquerai le moyen, qui est d'une extrême simplicité; je donnerai aussi le dessin d'une sorte de bielle que j'ai imaginée : au moyen de cette bielle qui agit constamment par la tangente, chaque coup de piston peut produire plusieurs tours de roue à la fois; d'où il résulte que, dans les mouvements rapides, les machines sont moins ébranlées et durent plus long-temps.

APPLICATIONS DIVERSES.

APPLICATION DE L'AIR COMPRIMÉ AUX MACHINES FIXES.

—

Nous avons proposé d'admettre l'air comme moteur; il est bien entendu que ce n'est qu'à titre de force recueillie gratuitement par les vents ou par les eaux, et mise en réserve pour être employée en temps et lieux convenables; car si l'on avait à appliquer directement et sur place la force de ces deux moteurs, à quoi bon la transformer? Je veux donc qu'en cas de travail immédiat on ne change rien au régime des machines éoliques et hydrauliques. Mais si la puissance du vent ou des eaux dont vous pouvez disposer se manifeste loin des lieux où il vous serait utile d'en faire emploi, recueillez-la comme j'ai dit, et transportez-la où vous en avez besoin.

Il arrive souvent qu'on possède une chute d'eau d'une certaine puissance, et dont on ne se sert que par intervalles (pendant le jour, par exemple, et non pendant la nuit); dans ce cas il est évident qu'il y aura avantage à recueillir durant le chômage la force qui se perd , afin de l'utiliser à la reprise du travail ; de cette manière une chute d'eau ou un courant de la force de vingt chevaux rendra le service d'un moteur de la force de quarante. Même chose, mais en sens inverse, à l'égard des agents éoliques : votre moulin à vent produit une force bien supérieure à celle que demanderait le travail auquel il est destiné, mais ce travail est souvent interrompu , parce que le moteur souffle par caprice. Eh bien , pendant que le vent déploie une surabondance de force, au lieu de replier vos ailes, recueillez cet excédant de force qui se perd, mettez-le en réserve pour en user dans les moments de calme; vous pourrez ainsi obtenir une action continue là où vous n'agissiez que par intermittence.

Les préceptes que nous indiquons doivent recevoir particulièrement leur application dans les grands établissements industriels, tels que manufactures, usines, fabriques, moulins, etc.

Je pense que les travaux d'extraction des carrières et des mines deviendront plus faciles , plus prompts et plus économiques par l'emploi des forces mises en réserve; car d'ordinaire il sera facile de monter des fabriques de force dans le voisinage de ces sortes d'établissements.

Par une combinaison mécanique fort simple , que je décrirai autre part , l'air comprimé pourra être employé très facilement et très énergiquement , même loin de la force de compression , au dessé- chement des marais et à l'épuisement des mines inondées. Je dirai aussi comment , par l'air com- primé, on obtiendra avec promptitude le tannage des cuirs et la teinture des étoffes.

J'entends enfin que le moteur gratuit que je pro- pose trouve sa place chez tous les artisans où il est fait emploi de la force brute, tels que tourneurs , menuisiers, potiers, etc., et même dans toutes les maisons , pour le puisement ou l'élévation des eaux.

Il est entendu que je laisse aux mécaniciens le soin d'étudier les meilleurs moyens d'application; ce sont affaires de détail.

Que si je porte ma pensée sur l'avenir, j'estime qu'il arrivera un temps où les autorités munici- pales établiront dans les villes de vastes réser- voirs d'air comprimé où tout le monde ira , pour les menus besoins domestiques, puiser de la force, devenue objet d'utilité première , comme on va aujourd'hui puiser de l'eau à nos fontaines pu- bliques.

APPLICATION DE L'AIR COMPRIMÉ A LA LOCOMOTION
SUR LES CHEMINS DE FER.

—

Par fortune, l'industrie des voies de fer, qui est destinée à recevoir du nouveau moteur le secours le plus nécessaire , est aussi celle où son application sera le plus facile. Il suffit de comparer ce qui est à ce qui sera. Comment les choses se passent-elles sur les chemins de fer, tels que nous les avons aujourd'hui ? Une lourde locomotive , embarrassée de son approvisionnement d'eau et de charbon , traîne à la remorque une suite de voitures attachées les unes aux autres. Cette fournaise voyageuse ne saurait marcher autrement qu'à la tête d'un convoi , en voici la raison : la locomotive , qui a coûté fort cher à construire , exige de grands frais d'entretien et des dépenses considérables d'alimentation ; il faut donc, pour couvrir tout cela , qu'elle serve , elle seule , à transporter une grande masse de marchandises ou un grand nombre de voyageurs, sans quoi il y aurait perte. C'est déjà une nécessité fâcheuse que de ne pouvoir marcher avec profit qu'en grandes caravanes, parce qu'il n'y a pas toujours possibilité de former ces nombreuses réunions de voyageurs. Remarquez en outre que la locomotive recevant le mouvement sur un seul essieu, deux de ses roues seulement mordent le rail pour entraîner le convoi, de sorte que si le chemin présente une certaine pente, les deux roues d'action tournant sur elles-mêmes sans produire d'effet, le convoi s'arrête ou recule; il suit de là que les conducteurs de chemins de fer sont obligés, pour arriver à un certain maximum de pente, à des dépenses énormes en déblais et en remblais, en viaducs et en souterrains. Les frais de traction et les frais de péage sont donc nécessairement fort élevés.

Mais admettez que l'air comprimé soit substitué à la vapeur, tout va changer de face : la locomotive, affranchie de son approvisionnement d'eau et de charbon, n'aura plus à porter qu'un récipient rempli d'air, sans pesanteur appréciable, plus l'appareil qui imprimera le mouvement à l'essieu; elle pourra donc elle-même porter la marchandise ou les voyageurs qu'elle traînait à la remorque; et comme la force qui la fera mouvoir ne coûtera rien

ou très peu de chose, elle pourra partir seule avec
son chargement quel qu'il soit. Autre avantage :
tout le chargement portant sur l'essieu qui reçoit
l'impulsion première, les roues d'action mordront
le rail avec une grande énergie, et les côtes les
plus roides pourront être montées sans difficultés.
Voilà donc les constructeurs de chemins de fer fort
à leur aise : ils peuvent suivre la direction des
chemins ordinaires, sauf quelques raccords dans
les pentes par trop rapides et dans les courbes à
petits rayons ; ils n'ont qu'à poser leurs lignes de
fer sur les bas-côtés des routes, concessions que je
propose d'accorder gratuitement aux compagnies.
Donc, plus d'acquisitions de terrains, plus d'ex-
propriations, plus d'impôt foncier. Les frais de
péage se réduiront à peu de chose, les frais de traction à presque rien.

Mais n'y aurait-il aucun danger pour les locomotives dans la descente des côtes ? Voici dans ce
cas ce qu'il faudra faire : outre les moyens d'arrêt
connus, chaque récipient de locomotive sera muni
d'une pompe foulante, laquelle sera mise en mouvement par l'essieu, dans les descentes trop rapides ; alors il y aura à la fois enrayement et compression de l'air. De cette manière, vous récupérerez

aux descentes une partie de la force que vous aurez dépensée aux montées.

Je fais observer néanmoins qu'il faudra toujours rechercher de préférence les routes planes, à cause de la vitesse qu'elles seules peuvent comporter ; j'ai voulu dire seulement que les fortes pentes (1) ne seront plus, comme aujourd'hui, dans l'établissement des chemins de fer, un obstacle insurmontable.

J'ai déjà décrit comment un récipient chargé d'air fortement comprimé peut produire un mouvement continu au moyen d'un appareil que je nomme *régulateur*. Je suis arrivé à cette conclusion, que tel récipient pourra contenir assez de force pour transporter une locomotive à vingt mille mètres. Il est entendu que ce point, admis en théorie, a besoin d'être consacré par la pratique. Toutefois, admettons qu'après les expériences il en faille rabattre de moitié, et disons que chaque approvisionnement du récipient pourra fournir un trajet moyen de dix mille mètres.

Voici donc les mesures qu'il conviendra de prendre pour parcourir sans interruptions les plus longs trajets. Il sera construit sur le bord des che-

(1) Je fixerais pour maximum d'inclinaison 2 centimètres par mètre.

mins de fer, à chaque myriamètre, ou, s'il y a lieu, à de plus grands intervalles, un réservoir à poste fixe continuellement approvisionné de force, soit par de l'air comprimé sur place, suivant les moyens que nous avons décrits, soit par de l'air comprimé amené par des tuyaux des fabriques les plus voisines dans le réservoir. Ce réservoir sera muni d'un robinet tellement disposé, qu'à l'arrivée de la locomotive, le récipient épuisé puisse être mis en rapport avec la masse de forces réservées, et recevoir une provision nouvelle pour fournir un trajet nouveau.

Ces réservoirs, posés de distance en distance, seront autant de relais où l'on viendra raviver presque gratuitement la force motrice.

La capacité de ces réservoirs sera d'autant plus grande, qu'ils auront à desservir un plus grand nombre de locomotives.

Je fais remarquer que plus les réservoirs son grands comparativement aux récipients, plus l'air arrive fortement comprimé dans ces derniers, lorsqu'ils sont mis en communication avec les réservoirs. En effet, si un vase vide est mis en rapport avec un vase d'égale capacité dans lequel l'air est comprimé à vingt atmosphères, l'air réparti dans les deux vases ne sera plus pressé qu'à dix atmosphères ; mais si le vase vide n'est que le vingtième du vase plein, l'air ne perdra en se répandant qu'un vingtième de sa force ; il restera comprimé à dix-neuf atmosphères. Il y aura donc un intérêt majeur à construire de vastes réservoirs. Il est entendu que ces réservoirs seront alimentés par des machines éoliques ou hydrauliques de forces calculées suivant leurs capacités.

On comprend que le système d'approvisionnement que nous prescrivons ne ralentira en aucune façon la marche des locomotives, car les réservoirs seront généralement placés aux stations mêmes où doivent s'arrêter les voyageurs ; le transvasement des forces aura lieu pendant que s'opèrera le service ordinaire de chargement et de déchargement : une minute au plus suffira.

Enfin j'entends que les voitures à air empruntent une force auxiliaire au souffle du vent, qui est aussi de l'air comprimé ; à cet effet, elles seront munies d'un système de voilure fort simple, et tel que l'appareil pourra disparaître dans les temps calmes. Il faudra que les voiles ne soient pas flottantes, mais absolument rigides, afin que, pour marcher dans une direction donnée, on puisse utiliser au moins les trois quarts des vents de l'horizon.

APPLICATION DE L'AIR COMPRIMÉ A LA LOCOMOTION SUR LES VOIES ORDINAIRES.

—

Si l'air comprimé parvient à remplacer la vapeur avec économie, à plus forte raison pourra-t-il remplacer la force des chevaux qui coûte plus cher. Ce que j'ai dit des locomotives qui roulent sur les chemins de fer, peut s'appliquer à toute espèce de voitures qui circulent dans nos villes et qui parcourent nos routes; mais une telle innovation ne saurait être tentée avec succès que sur des voies macadamisés, et surtout lorsqu'on aura trouvé pour imprimer le mouvement aux voitures, un mécanisme moins vicieux que celui qu'on emploie aujourd'hui; or, ce problème sera inévitablement résolu, trop d'esprits s'en occupent.

Si l'on se rappelle que dans l'ensemble du système précédemment exposé, chacun pourra avoir chez soi une ou plusieurs machines à comprimer l'air, et que d'ailleurs il sera établi des réservoirs publics dans les villes et sur les routes, on comprendra qu'il sera très facile de renouveler la force motrice des voitures, lorsque les récipients seront épuisés.

Je propose de fixer ces récipients sur les voitures, de manière à ce qu'on puisse les enlever, et les remplacer par des vases de rechange. J'ai déjà dit qu'on aura des récipients de force en magasin, comme on a des chevaux dans son écurie.

APPLICATION DE L'AIR COMPRIMÉ A LA NAVIGATION.

L'emploi de l'air comprimé comme force motrice appliquée à la navigation maritime ne me semble pas devoir y produire immédiatement d'aussi grands résultats que dans la locomotion sur les chemins de fer et sur les routes ordinaires, surtout lorsqu'il s'agira de longues traversés : le renouvellement de la force, dans les récipients épuisés, éprouvera de grandes difficultés, à moins qu'on ne trouve d'autres moyens que ceux que j'ai précédemment indiqués pour opérer ce renouvellement. Peut-être arrivera-t-on à ce point, comme je l'ai déjà fait pressentir, que la dilatation seule de l'air suffira pour reproduire sans cesse le mouvement ; dans ce cas, les bâtiments du plus fort tonnage pourront entreprendre les plus longues traversées.

Mais s'il faut renoncer à établir en mer, de distance en distance, des réservoirs d'air comprimé, il est facile de comprendre que ce système d'approvisionnement est parfaitement applicable sur le cours des rivières, d'autant plus que les rivières, en choisissant les endroits rapides, serviront elles-mêmes de moteurs gratuits pour l'accumulation de l'air dans les réservoirs fixes. J'entends que ces réservoirs soient construits, à des distances calculées, sur le courant même des eaux, afin que les bateaux, en s'y arrêtant, soient mis en communication avec eux pour y puiser de la force nouvelle, comme je l'ai prescrit pour les chemins de fer.

S'il s'agit de navigation sur les canaux, on placera les réservoirs de préférence près des écluses, afin que les chutes d'eau soient utilisées pour la fabrication gratuite de la force.

Je ne veux pas, quant à présent, insister davantage sur l'application du système à la navigation, je ne puis qu'indiquer les choses en masse : chacun de mes courts chapitres pourrait faire l'objet d'un volumineux traité ; cette œuvre de détail viendra plus tard. Je me borne ici à prescrire l'emploi de la machine à rotation dans les bateaux mus par la puissance de l'air comprimé ; je la prescris même dès à présent dans les bateaux à vapeur, car cette machine est surtout essentielle là où l'emploi du volant est impossible.

Je voudrais aussi qu'on supprimât les roues à palettes qui sortent de l'alignement des flancs du navire. Ces agents mécaniques présentent plusieurs
graves inconvénients : ils se heurtent à tout, et par
le clapotement des palettes impriment au navire
un mouvement saccadé. Ils offrent aussi, en cas de
guerre, un côté trop vulnérable. Je propose de les
remplacer par une sorte de turbine agissant sous la
ligne de flottaison, et, tournant seule ou par cou-
ple à l'avant du navire sur un axe horizontal paral-
lèle à la quille. Je donnerai le dessin de cette roue
sous-marine quand l'expérience aura confirmé ce
que j'en attends d'heureux résultats.

APPLICATION DE L'AIR COMPRIMÉ A L'AGRICULTURE.

—

L'agriculture est la base de tout ; c'est donc aux travaux qui concernent cette industrie qu'il importe essentiellement d'appliquer le système des forces gratuites et réservées. Le labourage des terres, le charriage des récoltes, le battage des grains, exigent une dépense prodigieuse de force ; et, chose étonnante, cette force a toujours été exclusivement empruntée aux bras de l'homme ou aux animaux soumis à son usage. Il me semble que dans beaucoup de cas on aurait pu employer pour les travaux dont nous venons de parler, la puissance des eaux ou des vents, comme on l'a fait pour la mouture des blés. Néanmoins, depuis qu'on a pu calculer l'économie que présente la vapeur substituée à la force des animaux, on a tenté, dans quelques

4

pays, d'appliquer ce puissant moteur à la direction des charrues. Les essais ont toujours été infructueux, parce qu'on s'est obstiné à unir la machine motrice à la charrue. Voyez-vous une locomotive avec son attirail et ses approvisionnements d'eau et de charbon se traînant à travers des terres labourées! Il me semble qu'on n'avait pas besoin de l'expérience pour être certain de ne pas réussir. Non pas que je croie impossible d'appliquer avec succès la vapeur au labourage ; je pense, au contraire, que la chose serait très facile, mais dans certaines circonstances et à certaines conditions : les pays à grandes cultures, plats ou peu inclinés, comme la Beauce ou la Brie, conviendraient à cette amélioration ; il faudrait que la houille y fût à bon marché. La condition essentielle serait en outre qu'on ne fît usage que de machines fixes qui fonctionneraient dans certains centres d'opération ; la force serait transmise à la charrue, ou aux charrues (car plusieurs pourraient marcher à la fois) au moyen de tambours et de cordes sans fin. Ce n'est pas ici le lieu de dire comment tout cela pourrait s'agencer, ni d'entrer dans les détails d'un système de labourage à la vapeur. Retournons à notre théorie de l'air comprimé, et voyons le parti qu'on en pourrait tirer pour les travaux agricoles.

Les cultivateurs, maîtres de vastes espaces, seront plus que tous autres en position de créer sur
leur territoire des fabriques de force par l'établissement des machines éoliques ou hydrauliques. On
comprend déjà que les fermes les plus favorisées
seront celles qui se trouvent près des rivières rapides, parce que les forces gratuites pourront s'y
recueillir avec plus d'abondance. Les fermes qui
seraient dépourvues d'un voisinage aussi précieux,
auront recours, pour leur approvisionnement de
moteurs, à l'action des vents; enfin celles pour qui
cette dernière ressource serait insuffisante, iront
chercher des forces aux réservoirs les plus rappro-
chés; car, comme nous l'avons dit, il s'en fabriquera pour le public, il s'en fera commerce.

Admettons donc nos cultivateurs, quelque pays
qu'ils occupent, convenablement approvisionnés de
récipients chargés d'air comprimé; ces récipients
seront gardés en réserve dans certains bâtiments
spéciaux, qui remplaceront en partie les écuries et
les étables.

Avant de passer outre, je dois dire que toute application du nouveau moteur obtiendrait de pauvres
résultats dans la plupart de nos établissements
agricoles tels qu'ils existent aujourd'hui, à cause
du mauvais état de viabilité qui y règne : avant tout,

il faut rendre les chemins d'exploitation non seulement praticables, ce qu'ils ne sont pas en beaucoup d'endroits ; mais bons, ce qu'ils ne sont nulle part. Nous sommes encore sur ce point comme aux siècles les plus barbares. Croyez-moi, établissez de bonnes voies de communication, vous doublerez la valeur du produit de vos terres. J'admets donc qu'il existe sur votre exploitation un réseau debons chemins bien aplanis ; je suppose même que vous y aurez établi des rails en bois au moyen de longues poutres mises au bout les unes des autres, et couchées au niveau du sol comme cela se pratique déjà dans quelques provinces des États-Unis. Ce que nous avons dit de l'air comprimé appliqué à la locomotion sur les routes ordinaires, trouve naturellement sa place ici pour tout ce qui concerne le transport des engrais ou des récoltes, et les besoins généraux de l'exploitation.

Le battage et le nettoyage des grains se fera au moyen de mécaniques simples, mises en mouvement par nos forces gratuites, et suivant les meilleurs modes qui seront adoptés pour la transmission du mouvement dans les usines et manufactures.

Nos forces gratuites seront également employées à l'ascension des eaux sur les points culminants

du terrain pour y former un bon système d'irrigations. Elles sont surtout appelées à rendre de
grands services à l'agriculture par l'épuisement
des eaux qui inondent les parties basses des terres.
J'indiquerai par quelle simple combinaison de la
pression de l'air on opèrera les desséchements les
plus étendus.

Quant au labourage, point capital, le problème
se réduira à lier de la manière la plus convenable
le récipient à la charrue, comme on l'aura fait pour
les voitures ordinaires. On comprend d'abord que
si, jusqu'à ce jour, la charrue s'est refusée à recevoir le concours gênant de la machine à vapeur
à cause du pesant appareil qui l'accompagne, elle
se prêtera très volontiers à recevoir l'impulsion
d'un agent mécanique débarrassé de cet attirail :
on conçoit en effet très facilement une charrue
portant un récipient chargé d'air, et dont la
grosseur ne dépassera pas celle d'un tonneau ordinaire.

Le premier mécanicien qui s'occupera de cette
question sentira d'abord qu'il faut que tout le poids
du récipient porte sur les deux roues d'action, lesquelles devront être placées à la tête de la charrue ;
il comprendra aussi que ces roues, qui auront pour
mission d'entraîner toute la machine en mordant le

sol, devront être munies de dents qu'on devra pouvoir allonger ou raccourcir, suivant la nature du terrain à labourer. On verra s'il y a possibilité d'adapter à une même charrue plusieurs socs. J'y prévois beaucoup d'avantages et quelques inconvénients. Au reste, tout ce que nous pourrions dire ici à ce sujet serait prématuré et inutile. L'expérience ira plus loin que nos prévisions.

Je me bornerai à proposer aux mécaniciens qui tenteront des essais sur cet objet, de chercher à construire une charrue à air comprimé qui remplisse les conditions suivantes : 1° faire agir plusieurs socs à la fois ; 2° semer le grain dans les sillons aussitôt qu'ils sont ouverts ; 3° refermer les sillons aussitôt que la semence y aura été répandue.

Je laisse aux agriculteurs à juger quelle pourrait être l'importance de cette charrue à trois fins, et qui, bien entendu, ne fonctionnerait avec ses trois pouvoirs que lors des derniers labours. Je crois qu'en laissant le sillon ouvert pendant plusieurs jours, avant d'y répandre le grain, comme cela se pratique ordinairement, la terre, par son contact immédiat avec l'air extérieur, perd de sa puissance génératrice ; je crois aussi qu'en jetant au hasard sur les sillons, comme nous le faisons, la semence à pleine main , beaucoup trop de grains tombent dans une mauvaise position et avortent. Voilà pourquoi je propose le problème qui précède. Je m'en occuperai moi-même.

APPLICATION DE L'AIR COMPRIMÉ A LA DÉFENSE DES VILLES DE GUERRE.

—

Tout le monde connaît le fusil à *vent*, qui n'est autre qu'une machine à air comprimé. Pourquoi ne ferait-on pas des canons à air comprimé? Je n'y vois aucune difficulté insurmontable, ni même sérieuse. Je me figure très bien une forteresse garnie de pièces d'artillerie chargées à quatre-vingts ou cent atmosphères.

Or j'estime que chaque projection pourrait avoir lieu par la détente de dix atmosphères; chaque pièce aurait donc à tirer dix coups de suite, et pourrait indéfiniment recommencer une nouvelle série de dix coups; car je suppose que le récipient appliqué à chaque canon serait très promptement réapprovisionné au moyen d'un réservoir commun à tout une batterie, et dans lequel l'air aurait été par avance violemment comprimé.

On comprend qu'en cas de défense toutes les

forces dont la garnison disposera dans la place as-
siégée seront mises à contribution pour le service
des réservoirs et des récipients, et comme dans
certains moments les machines éoliques et même
les machines hydrauliques pourront être insuffi-
santes, on y suppléera par des machines à vapeur.
Il sera toujours plus facile d'obtenir de la vapeur
pour fabriquer des forces, que de fabriquer de la
poudre.

Il pourra arriver que le salut de la place, assuré
d'ailleurs par une immense quantité de forces de
projection, soit compromis par l'épuisement des
projectiles. Pourquoi, dans ce cas, ne se servirait-
on pas, faute de mieux, de projectiles de marbre
ou de toute autre pierre dure, comme le font les
Turcs? Je crois que ces sortes de boulets valent autant que les autres pour repousser les assiégeants,
au moment d'un assaut. Ils valent peut-être même
mieux, parce qu'ils se brisent, et qu'on ne peut
vous les renvoyer.

Je fais remarquer que l'application que je propose pour la défense des places fortes aurait peu
de succès pour l'artillerie de campagne. Si l'on me
demande pourquoi je fais cette observation, le
voici : j'admets deux espèces de guerres : la guerre
de défense qui est presque toujours légitime et ho-

norable, et la guerre d'attaque ou de conquête qui d'ordinaire est impie et honteuse ; l'une tend à la paix et au maintien des libertés , l'autre mène les peuples à la ruine et à l'esclavage. Or la défense des villes participe presque toujours des guerres de la bonne espèce ; s'il en était autrement , je me serais bien gardé de conseiller l'emploi du nouveau moteur à la défense des places fortes.

APPLICATION DE L'AIR COMPRIMÉ A LA PERFORATION DE LA TERRE.

—

Depuis quelques années l'industrie des sondages a pris chez nous un immense développement; la Géologie, science nouvelle, en a grandement profité. Cette industrie nous a conduits, par mille expériences qui toutes concordent, à la connaissance d'une loi de physique naturelle dont l'avenir dira l'importance. Par une multitude d'observations thermométriques pratiquées dans le sein de la terre, et recueillies avec soin depuis plus de cent ans, il a été constaté que le globe est chauffé, non seulement par les rayons du soleil, mais par une chaleur qui lui est propre, et que cette chaleur interne augmente à mesure qu'on pénètre vers le centre de la terre; on a même calculé qu'elle s'accroît d'un degré à chaque profondeur de vingt-sept mètres.

Que si l'on combine cette loi avec certaines indications que donne la chimie touchant la fusibilité des diverses matières, on trouvera, par exemple, que, dans l'état normal de la terre, à dix-neuf cent dix-sept mètres de profondeur, se rencontrent les eaux bouillantes ; que le plomb est en fusion à six mille neuf cent dix mètres ; le zinc à huit mille neuf cent dix mètres ; ainsi des autres métaux ; et qu'en définitive, à une profondeur qui ne dépasse pas quarante-huit mille mètres, tous les corps connus sont en fusion ; d'où il faut conclure que notre terre est un soleil enveloppé d'une écorce solide dont l'épaisseur n'atteint pas douze lieues.

Il se peut que ce grand théorème géologique doive être modifié par certaines autres lois ignorées ou peu connues, telles que celles des fluides électriques ou magnétiques ; mais ces lois ne sauraient apporter de changements que dans les chiffres de l'échelle calorique, et non dans le principe de la chaleur croissante, principe consacré par mille observations concordantes. Quoi qu'il en soit, il deviendra d'une immense importance pour l'humanité de pousser des recherches dans l'intérieur de la terre au moyen de profonds sondages. Mais ces sortes de travaux, dans l'état actuel des choses, coûtent fort cher, parce qu'ils exigent une grande dépense de forces ; or si nous arrivons à nous procurer des forces gratuites, qui empêchera d'entreprendre de profondes trouées dans l'enveloppe terrestre? Ajoutez que les moyens d'exécution se perfectionneront : on apprendra à consolider les puits à travers les nappes d'eau souterraine et les sables mouvants ; ou plutôt on apprendra par des connaissances plus exactes en géologie, à éviter ces obstacles. Je me suis toujours figuré que les plus grandes difficultés du sondage se rencontrent près de la surface de la terre, de même que les plus grands périls de la navigation se trouvent près des côtes, et qu'arrivées à une certaine profondeur, lorsqu'il nous sera donné pour ainsi dire de voyager en pleine terre, les explorations deviendront aisées et sûres. Dieu sait alors quelles découvertes sont réservées au génie aventureux de l'homme. Ce que nous pouvons prévoir dès à présent, c'est qu'il nous sera possible d'aller ouvrir le passage à des eaux souterraines qui jailliront bouillantes à la surface, et viendront en aide à nos diverses industries. Je pressens aussi une grande conquête dont nous pouvons déjà nous former une idée. Aujourd'hui quelques unes de nos habitations ont des calorifères qui, construits dans les caves, portent à grands frais la chaleur ascendante dans toutes les parties de la maison. Pourquoi ne parviendrait-

on pas à creuser au-dessous de nos villes de vastes
calorifères gratuits, d'où s'élèveraient, au moyen
de larges puits, des fleuves de chaleur qui, par
des conduits qu'on pourrait ouvrir ou fermer à
volonté, se répandraient dans la demeure de chaque
habitant? Il n'y aurait plus d'hiver. N'avons-nous
pas déjà sous le pavé de nos rues des ruisseaux de
lumière qui ont aboli la nuit?

APPLICATION DE L'AIR COMPRIMÉ AUX VOIES PNEUMATIQUES.

—

Nous voici en pays inconnu ; il est rare qu'une industrie nouvelle ne mène pas à de nouvelles industries : la découverte de la vapeur a conduit à la construction des chemins de fer ; les chemins de fer, à leur tour, desservis par nos forces gratuites, vont rendre possible et très profitable l'établissement des voies pneumatiques. Nous entendons par là des conduits souterrains, hermétiquement fermés, dans lesquels on enverra d'une ville à une autre, avec une extrême rapidité, les lettres contenues dans des cylindres (1).

On s'est déjà beaucoup préoccupé de cette idée chez plusieurs nations, en Angleterre surtout, pays aux conceptions hardies, aux entreprises gigan-

(1) Voir une lettre que j'ai publiée à ce sujet dans le *Constitutionnel*, le 17 janvier 1856.

tesques. Une société s'y était formée qui se proposait d'appliquer les voies pneumatiques à la traction des wagons; un prospectus, orné de fort belles gravures, indiquait comment devait s'opérer ce prodigieux travail. Je ne suis pas de ceux qui ne croient qu'aux choses mises en pratique, mais j'avoue que, dans cette circonstance, le génie britannique m'a paru avoir dépassé toutes les bornes du possible. Quoi qu'il en soit, des expériences qui ont eu lieu sous nos yeux nous ont convaincu que les voies pneumatiques sont très praticables, appliquées au transport d'objets légers, comme le sont les lettres ; il demeure seulement douteux que, sous le rapport financier, une entreprise de cette nature pût, dans l'état ordinaire des choses, présenter des chances de succès. On conçoit en effet que l'établissement et l'exploitation d'une ligne entraîneraient à des dépenses considérables ; calculez : il faudrait acheter de longues bandes de terrains, les niveler en beaucoup d'endroits, les clôturer partout; il faudrait construire des ponts ; il faudrait avoir à certaines distances des stations où fonctionneraient à grands frais des machines pour opérer la pression ou la raréfaction de l'air, et entretenir à ces stations des hommes de service. Le prix ordinaire du port des lettres suffirait-il pour couvrir ces dépenses? Je ne dis pas non, mais cela n'est pas évident.

Telle a dû se présenter la question à ceux qui s'en sont occupés jusqu'à ce jour. Eh bien, tournez les yeux sur nos chemins de fer, desservis, comme nous l'avons indiqué, par des forces gratuites, et vous allez voir à quoi se réduiront les frais d'établissement et d'exploitation des voies pneumatiques. D'abord nos terrains sont tout achetés, tout nivelés, tout clôturés; nos ponts sont faits. On placera la ligne de tuyaux entre les deux rails, à quelques pouces au-dessous de terre : ils seront là en parfaite sûreté; nous avons de distance en distance des réservoirs tout établis qui fourniront gratuitement la force nécessaire à la compression de l'air; les employés du chemin de fer seront chargés du service nouveau. Ainsi les voies pneumatiques ne coûteront rien, sinon le prix d'acquisition et les frais de pose des tuyaux. Or des tuyaux de deux pouces de diamètre, en zinc inoxidable, ne coûteront pas plus de trois ou quatre francs le mètre, disons cinq francs avec la pose; ce sera vingt mille francs par lieue. Ajoutez donc vingt mille francs par lieue à vos devis de chemin de fer, et, par le seul transport des lettres, vous en doublerez le produit. Je le dis avec

5

une entière conviction, si l'avenir des chemins de
fer pouvait être compromis, même dans l'état où
ils sont, les voies pneumatiques suffiraient pour
les sauver. Il est entendu que, dans cet ordre d'i-
dées, j'admets que le gouvernement renoncera à
son injuste prétention de mettre à la charge des
compagnies concessionnaires le transport gratuit
des lettres.

Dans un traité spécial j'exposerai la théorie des
voies pneumatiques ; je dirai les précautions à
prendre pour ménager à chaque station l'arrivée
et le départ des cylindres dépositaires des lettres ,
et pour régler les distributions intermédiaires sans
ralentir la marche des envois lointains. Je propo-
serai les mesures que je crois les plus propres à
empêcher que les tubes voyageurs ne contractent,
en glissant dans les tuyaux, une trop vive chaleur;
enfin j'entrerai dans tous les détails de l'organisa-
tion de ce nouveau service.

Voici ce qui résultera de l'établissement des
voies pneumatiques : les lettres parcourront de
vingt-cinq à trente lieues à l'heure ; on pourra
écrire de Paris à Marseille , et recevoir la réponse
dans la même journée!

APPLICATION DE L'AIR COMPRIMÉ A LA NAVIGATION AÉRIENNE.

—

De tout temps les hommes ont aspiré à voyager par les airs : l'aventure d'Icare est beaucoup moins fabuleuse qu'on ne pense. Horace se plaint quelque part des audacieux qui veulent se servir d'ailes que la nature a refusées à l'homme ; chaque siècle a fait son effort sur ce point, et toujours inutilement, sans en excepter le dernier siècle, qui a vu naître Montgolfier. Je le dis hardiment : jamais le problème ne sera résolu par les ballons, tant qu'on les laissera en liberté ; ces machines aérostatiques sont, de leur nature, ingouvernables ; parce que la force de suspension qui leur est nécessaire exige qu'elles aient un volume énorme et que la vaste surface qu'elles présentent les rend absolument incapables de lutter contre les moindres courants

d'air (1). Il faudrait pour qu'une machine se diri-
geât dans l'air, qu'elle n'obéît qu'à une seule force
qui la soulève et l'entraîne à la fois. Mais il faudrait aussi, notez-le bien, que cette force fût de
beaucoup supérieure au poids total de la machine.

Il y a douze cents ans, on était beaucoup plus
près de la question qu'aujourd'hui. Boëce a construit un pigeon volant qui comportait les conditions essentielles dont nous venons de parler : un
ressort placé dans l'intérieur de la petite mécanique, imprimant aux deux ailes un mouvement rapide, suffisait pour la soulever et la transporter à
quelques pas. C'était autant que possible se rap-
procher de l'exemple général donné par la nature ;
mais remarquez que tous les volatiles portent dans
leurs muscles pectoraux une force vitale qui, par
un phénomène non encore expliqué, se reproduit
au moment où elle s'épuise. Le pigeon de Boëce,
dont le poids principal résidait dans la pesanteur
du ressort moteur, ne pouvait voler qu'un instant ;
le résultat n'aurait pas été meilleur quand même
la machine eût été construite sur de plus grandes

(1) On a prétendu qu'à certaines hauteurs il règne des vents
constants qui soufflent dans divers sens. Si ce fait, très douteux,
se confirmait, la direction des Montgolfières serait possible, parce
qu'il suffirait alors d'avoir le moyen de les faire monter et descendre à volonté, ce qui est très facile.

dimensions ; car la force d'un ressort est toujours en rapport avec son poids. Il est ici très important de remarquer que le problème aurait été résolu si le philosophe mécanicien avait fait usage d'un ressort qui fût sans pesanteur et qui pût produire une force illimitée ; car il aurait pu distribuer l'action de cette force de manière à fournir un long travail.

Eh bien ! ce ressort sans pesanteur et d'une puissance sans limites, nous le possédons dans l'air comprimé.

Laissons donc là les aérostats, dont toutefois le mérite aura été de fixer l'attention publique, tout en la fourvoyant, sur l'immense question de la navigation aérienne ; reprenons les choses où le vɪᵉ siècle les a laissées ; substituons au ressort de métal de Boëce la force expansive de l'air refoulé dans un léger récipient ; alors l'action qui n'était que momentanée, va devenir durable ; alors nous enlèverons facilement dans les airs nos machines, qui, plus grandes, nous emporteront avec elles et se dirigeront où nous voudrons, à de longues distances.

Nous avons dit qu'un de nos récipients chargé à soixante atmosphères, produirait cinq mille coups de piston ; ce sera donc, si nous l'appliquons à une machine volante, cinq mille coups d'ailes. Notez que les ailes ou rames à air, dont nous parlerons plus loin, seront disposées par couples de manière à agir alternativement : les unes monteront pendant que les autres descendront, afin que le mouvement soit régulier et qu'aucune partie de la force ne soit perdue. Au moyen d'une légère inclinaison des rames, elles produiront à la fois l'enlèvement et l'entraînement ; notez aussi que la charge à enlever ne consistera, du moins pendant nos premières expériences, que dans le poids du récipient et de quelques légers accessoires. Or, dans l'état ordinaire de l'atmosphère, chaque battement d'ailes imprimera à la machine un mouvement qui la portera à au moins dix mètres en avant ; ce sera donc cinquante mille mètres, ou douze lieues et demie de parcourues, avant l'épuisement du récipient. Mettons les choses à moitié, comme nous l'avons déjà fait ; il s'ensuivra que de six lieues en six lieues il faudra renouveler l'approvisionnement du récipient, ce qui s'opèrera comme il a été déjà indiqué ; mais je ne doute nullement qu'on ne parvienne encore à s'affranchir de cette nécessité des stations. On trouvera le moyen de remplir de nouveau presque instantanément les récipients épuisés, soit par le développement subit de gaz concentrés, soit par

l'inflammation de matières fulminantes, soit par
tout autre procédé ; alors on pourra parcourir,
sans s'arrêter, des trajets de plusieurs centaines de
lieues.

J'ai été conduit par mes expériences à reconnaître que pour construire de bonnes rames à air
il faut s'appliquer à imiter plutôt les ailes des in-
sectes que celles des oiseaux. Au reste, la nature,
qui semble avoir prévu les nécessités futures de
l'industrie humaine, a pourvu à tout : il est telles
substances fortes et légères qu'on dirait qu'elle a
créées exprès pour en composer des ailes factices.
Je les indiquerai.

J'ai parlé plus haut de l'inclinaison des rames
pour opérer l'entraînement ; ceci est de la plus
haute importance et j'y reviens. Lorsqu'on voudra
seulement soulever la machine, il faudra tenir les
rames horizontales, alors l'ascension aura lieu per-
pendiculairement (on suppose un temps calme); si
on incline légèrement les rames en avant, une
partie de la force de soulèvement se changera en
force de répulsion, et la machine marchera d'autant. Plus cette inclinaison sera forte, sans dépasser toutefois une limite qui sera calculée, plus la
marche sera rapide. A l'arrière de la machine,
j'attache une longue et large rame sans valves, qui

remplira un double office ; placée verticalement, elle imprimera, comme le gouvernail d'un navire, le mouvement de droite ou de gauche; placée horizontalement, elle fera, comme la queue des oiseaux en s'abaissant ou se relevant, descendre ou monter la machine ; que si sa position participe de l'horizontale et de la verticale, la machine décrira dans les airs toute espèce de courbes obliques. Il faudra étudier soigneusement, puis établir un système de manœuvre. J'engagerai pour cela ceux qui s'occuperont de cette matière à bien observer le vol des oiseaux ; le plus sûr sera d'imiter leurs mouvements ; car, en vérité, on ne fera jamais mieux que la nature.

Mais je recommande ici expressément aux expérimentateurs de ne pas brusquer leurs essais touchant la navigation aérienne au moyen de l'air ; il faudra préalablement affermir le terrain par des applications moins difficiles et dans l'ordre que j'ai suivi. Vous ferez d'abord fonctionner des récipients à poste fixe sans vous inquiéter de leur pesanteur, puis vous les appliquerez à la locomotion sur les chemins de fer; lorsque vous aurez obtenu des récipients plus légers et non moins forts, vous leur confierez la traction des voitures sur les routes ordinaires ; les autres expériences viendront ensuite, et finalement, quand vous serez parvenus à construire des vases qui réuniront la légèreté à la force, tentez hardiment la conquête des voies aériennes.

RÉSUMÉ.

—

Arrêtons-nous ici et jetons un coup d'œil en arrière. Cette théorie de l'air comprimé dont nous venons d'exposer à grands traits les principales applications, repose-t-elle sur des bases solides? Ne serions-nous pas sous l'empire d'une brillante illusion? Vingt fois je me suis fait cette demande, effrayé moi-même des immenses résultats qui, par un enchaînement invincible, venaient se dérouler à mes yeux. Examinons cependant de nouveau, et voyons où pourrait faillir notre système.

L'air est-il compressif? mille faits le prouvent. L'air comprimé jouit-il d'une force expansive? assurément : un fusil à vent peut, sans être rechargé, lancer, l'une après l'autre, dix balles qui percent une planche à trente pas. L'air peut-il se comprimer à un degré élevé? Un physicien est parvenu, il y a quelques années, à comprimer l'air dans un canon de fusil jusqu'à cent quatorze atmosphères sans que le fusil éclatât. Voilà des faits acquis; poursuivons.

Un vase étant rempli d'air foulé à un degré très élevé, peut-on faire que cet air passe dans un autre vase sous une pression beaucoup moindre et constante ? oui encore. Des expériences faites récemment à Paris sur le gaz comprimé répondent affirmativement : tout le monde a pu voir des récipients chargés de gaz pressé à trente atmosphères, émettre ce fluide sous une pression constante d'une ou deux atmosphères, tout au plus, afin de produire une lumière égale. Les tribunaux mêmes ont eu à prononcer entre deux prétendants qui se disputaient l'invention du mécanisme au moyen duquel s'opère cette émission constante. Or, ce mécanisme (qui peut encore être amélioré) s'appliquera aussi bien au transvasement régulier de l'air qu'à l'égale émission du gaz.

Enfin, peut-on se servir de l'air comprimé comme moteur ? Pourquoi pas aussi bien que de la vapeur ? L'analogie est parfaite entre la force expansive de ces deux fluides ; les mêmes machines qui servent au travail de la vapeur captive serviront à régler la force de l'air emprisonné. Nous rappelons seulement que si la vapeur d'eau a l'avantage de se reproduire par l'action périlleuse du feu ; l'air, par compensation, peut se comprimer à froid à un degré infiniment plus élevé, et sans offrir des chances si nombreuses d'explosion.

Quant à la compression *gratuite* de l'air, cela ne fait pas difficulté ; on conçoit parfaitement des pompes foulantes mises en jeu au moyen de machines mues par les eaux ou par les vents. N'insistons donc pas sur ce point. Nous ne parlerons pas non plus du transvasement de l'air comprimé d'un récipient dans un autre, ni de la faculté de transporter ces récipients dépositaires de la force ; cela est évident.

Reste à poser cette dernière question : l'air comprimé peut-il se conserver dans les vases qui le recèlent ? assurément, si les récipients sont bien faits : un fusil à vent peut garder sa force sans qu'elle s'altère pendant plusieurs mois. J'ai vu des cylindres assez grands remplis de gaz comprimé plus subtile que l'air, et n'ayant presque rien perdu de leur charge depuis près d'un an. La conservation de l'air comprimé est donc encore un fait acquis ; elle obligera seulement à apporter les plus grands soins dans la fabrication des vases hermétiques ; c'est l'affaire de l'artisan.

Résumons : l'air comprimé, ou, en d'autres termes, la *force* peut se recueillir gratuitement, se transvaser, se transporter et se conserver, pour être, en temps utile et lieux convenables, employée comme moteur à tous les besoins de l'industrie.

Voilà le principe ; viennent maintenant les expériences pour lui donner autorité, et l'association pour le mettre en pratique.

PARTIE EXPÉRIMENTALE.

(1839—1840.)

ÉTAT DE LA QUESTION.

—

Lorsque, après plusieurs années de méditations et de recherches toutes spéculatives , j'écrivais dans l'isolement les pages qu'on vient de lire , je croyais être le premier qui eût pensé à employer la puissance de l'air comme force motrice et à la substituer à la vapeur, je me trompais : à peine l'Académie des sciences eut-elle fait mention dans une de ses séances (mars 1839) du nouveau système dynamique que je proposais, qu'une foule de voix s'élevèrent qui protestèrent et réclamèrent le droit de priorité; il en vint de tous les points de l'horizon : un savant professeur, qui s'est fait l'habitude de n'être étranger à aucune des découvertes qui frappent l'attention publique , se posa tout d'abord comme seul inventeur de l'air comprimé; il remplit tous les journaux de calculs d'où il résultait qu'une voiture , chargée d'air comme il l'entend, aurait été lancée d'un seul jet de Paris à Or-

6

léans ; et il ajoutait qu'ayant eu cette idée-là l'an
passé, il s'en était assuré la propriété par un brevet ; là-dessus un autre savant écrit au *Constitu-*
tionnel pour se plaindre d'un tel accaparement de
l'atmosphère ; il offre de prouver qu'il a devancé de
six mois le professeur en question. En même temps,
l'Académie reçoit d'un troisième savant un paquet
cacheté , avec prière de ne l'ouvrir qu'à une époque déterminée, attendu que ce paquet mystérieux
contient la solution complète du problème. Mais
voici qu'un quatrième savant publie une lettre fou-
droyante : il prouve , par un certificat d'un mem-
bre de l'Institut, qu'il est sur la bonne voie, et que
c'est probablement lui qui aura inventé la chose.
J'ai reçu moi-même beaucoup de communications
dans le même sens : celui-ci me propose de remplir continuellement et sans frais mes récipients à
quinze atmosphères ; cet autre m'offre d'accumuler
perpétuellement des forces dans des caissons , ce
qui permettra aux vaisseaux d'entreprendre des
voyages de long cours , sans eau ni charbon. L'un
veut comprimer l'air par l'électricité, l'autre y veut
parvenir par l'action même de l'air. Je pourrais assurément citer les noms de plus de vingt inven-
teurs de l'air comprimé ; je m'en abstiendrai pourtant , heureux d'avoir été , sans m'en douter ,

l'interprète de leurs pensées intimes, l'écho de
leurs méditations secrètes, je laisse au temps et
à leurs œuvres futures le soin de les faire connaître.

Il est cependant deux hommes auxquels il est
juste d'accorder ici une mention toute spéciale :
ce sont deux honorables artisans qui n'ont pas ré-
clamé personnellement, et qui, sans prétention à
la science, ont plus fait pour elle que certains
grands calculateurs. M. Allard, mécanicien de
Guise, en Picardie, et M. Roussel, horloger à Ver-
sailles, ont construit, chacun de son côté, une machine à air comprimé : j'ai entre les mains des
pièces authentiques constatant qu'en 1836 M. Allard a fait fonctionner en présence de ses conci-
toyens une machine fixe mise en mouvement au
moyen de l'air continuellement refoulé par une
pompe. Quant à M. Roussel, plusieurs personnes
m'ont assuré avoir vu, il y a cinq ou six ans, un
petit chariot de son invention; quelques minutes
suffisaient pour emplir d'air un petit récipient au
moyen d'une petite pompe; et le petit char tour-
noyait sur une table ou sur un parquet tant que
durait l'émission de l'air. On dit que tout récemment un régulateur a été ajouté à cette jolie mécanique.

On a pu voir à la dernière exposition de l'industrie le modèle d'une toute petite machine à vapeur, à cylindre oscillant ; elle était mise en jeu par l'air comprimé. J'ignore de qui elle est.

Au reste , il faut reconnaître qu'il n'y a pas là invention , mais simplement application plus ou moins parfaite d'un principe très connu. Depuis les temps les plus reculés, la pression de l'air joue un rôle immense dans l'industrie humaine ; le fusil à vent, les orgues, l'éolypile d'Héron, la voile même du navire, sont autant de machines à air comprimé. J'insiste donc sur ce point, que la force élastique du fluide où nous respirons la vie est du domaine public , cette force appartient à tout le monde, et nul ne peut , sans ridicule , prétendre l'avoir inventée et y fonder l'espoir d'un privilége. S'il y a droit exclusif , ce ne peut être qu'en faveur de quiconque aura trouvé des organes mécaniques nouveaux, propres à rendre le ressort de l'air applicable aux besoins de l'industrie. Or, il y a là ample matière à inventions : pompes , dilateurs , récipients , manomètres , robinets , tubes , pistons, soupapes , etc. , tout est à refaire ou à modifier ; et sur ce point nous appelons très sincèrement à notre aide le concours des esprits investigateurs.

Mais si l'air comprimé, pris dans un sens absolu, n'est point une invention, en quoi donc consiste le système dynamique exposé dans le précédent mémoire? Où est son mérite, sa distinction? Le voici : il consiste dans une vue générale toute nouvelle et une série d'agents mécaniques nouveaux propres à en amener la réalisation. Je veux transformer gratuitement toutes les forces perdues de la nature, notamment celles des vents et des eaux courantes, en une force unique dite air comprimé, laquelle pourra être conservée, transportée et dépensée en temps et lieux convenables. Ma pensée a été de créer, pour les besoins de l'industrie, un signe représentatif de toutes les forces, *l'air comprimé*; comme on a créé autrefois, pour les nécessités du commerce, un signe représentatif de toutes les valeurs, *l'argent*. J'ai montré tous les avantages qui pourraient résulter de cette transformation des forces, j'ai dit que, non content d'avoir exposé la théorie de cette nouvelle doctrine industrielle, je m'appliquerais à la mettre en pratique. C'est ce que j'ai commencé à faire avec le concours d'un homme qui m'avait déjà précédé dans la voie des expériences. M. Tessié du Motay avait fait à Chollet sur la pression et la dilatation de l'air des essais fort curieux et très concluants ; plein de foi dans l'avenir de l'air comprimé, il vint me proposer de travailler en commun à la réalisation d'une théorie qui se présentait à son esprit comme au mien avec tous les caractères de la vérité. Depuis un an nos expériences ont commencé dans l'ancienne fonderie de la pompe à feu de Chaillot, et se sont poursuivies avec la plus grande assiduité. Nous venons aujourd'hui exposer le résultat de ces expériences soigneusement consignées sur un registre spécial ; elles n'ont fait qu'accroître notre conviction malgré quelques légers mécomptes et certaines difficultés de détail qui accompagnent toujours les entreprises de cette nature.

COMPRESSION.

—

Privés, quant à présent, de machines hydrauliques ou éoliques qui, comme nous l'avons dit,
sont appelées à opérer gratuitement les compressions, nous avons employé provisoirement pour ce
travail une machine à vapeur de la force de six
chevaux. Cette machine mettait en jeu une pompe
foulante d'une grande puissance, mais de construction fort vicieuse, comme on le verra plus
loin; l'air passait de la pompe dans le récipient au
moyen d'un fort tube en cuivre auquel se trouvait
adapté un manomètre; par prudence, le récipient
était placé derrière un mur fort épais.

Plusieurs espèces de vases ont été essayées. Tous
les récipients en cuivre ayant cédé aux moyennes
pressions, nous les avons complétement répudiés;
le plus fort de ceux de cette matière que nous avons
chargés a éclaté à dix-sept atmosphères (1).

(1) Ce vase d'une nouvelle forme, avec toutes les conditions de

Voici une expérience curieuse : un récipient de toile de coton doublée de caoutchouc et six fois repliée sur elle-même a supporté, sans rompre, un effort de quatorze atmosphères ; il présentait sous cette pression la dureté d'une barre de fer, mais l'air s'échappant par les tissus, le jeu des pompes devenait nul ; nous l'avons aussi abandonné parce que notre but actuel est d'obtenir de hautes pressions ; mais nous pensons que les récipients en toile imperméable seront fort utiles dans tous les cas où l'on n'aura besoin que de dix atmosphères au plus. (Procès-verbal du 2 août 1839.)

D'autres récipients en fer laminé ont été successivement éprouvés ; comme nous l'avions prévu, ils ont complétement réussi : quoique fort minces (deux millimètres et demi d'épaisseur) et d'une certaine capacité (100 litres), ils ont résisté à des pressions qui dépassaient quarante atmosphères ; leur forme était celle d'un cylindre terminé par deux hémisphères saillants.

A l'exception de quelques expériences où nous avons poussé la pression jusqu'à faire déchirer le vase (ce qui a toujours lieu sans explosion) nous

solidité, avait été imaginé et construit par **M. Huet**, mécanicien. Un vase de même dimension, mais de forme ordinaire, a éclaté à sept atmosphères.

nous sommes maintenus dans les pressions de trente atmosphères ; d'abord, parce que les récipients expérimentés étant seulement cloués et brasés au cuivre, n'offraient pas les conditions de solidité que nous nous proposons de leur donner plus tard ; et, en second lieu, parce que les pompes mises à notre disposition présentaient, à l'égard des soupapes, un vice de construction si considérable que, pour produire, par exemple, quarante atmosphères, elles étaient obligées de subir en elles-mêmes un effort d'environ cent soixante atmosphères. Cet inconvénient, qui d'ailleurs nous a donné la mesure des pressions qu'on pourra obtenir, nous a naturellement empêché de les pousser plus loin. Nous y parviendrons, comme on le verra, au moyen d'une nouvelle forme de soupape que nous avons nommée soupape à piston, par laquelle l'action exercée dans la pompe ne dépasse pas la réaction exercée dans le récipient.

De nos expériences sur la pression il résulte manifestement qu'avec des vases qui ont moins d'une ligne d'épaisseur, on peut aller jusqu'à quarante atmosphères. Que si vous doublez l'épaisseur de la tôle des récipients, que vous les traversiez intérieurement dans leur longueur d'une forte tige qui réunisse les deux calottes, et que vous consolidiez le tout à l'extérieur par des cercles sur champ, vous pourrez, sans danger, pousser les compressions jusqu'à soixante atmosphères.

Les explosions ne sont nullement à craindre : afin de savoir à quoi nous en tenir sur ce point, nous avons comprimé de l'air dans un de nos vases jusqu'à dépasser les limites d'un manomètre qui marquait soixante-quinze. Le vase a fini par céder, mais sans rupture, du moins apparente ; le métal s'est distendu et l'air s'est échappé avec un grand sifflement par une fente imperceptible.

Nous avons observé qu'au-delà de vingt-cinq ou trente atmosphères les manomètres à mercure les plus parfaits ne donnent plus que des indications douteuses ; il sera nécessaire de perfectionner cet instrument qui devra marquer fidèlement les pressions jusqu'à cent atmosphères ; nous avons appris que plusieurs physiciens s'en occupent, notamment le savant M. Péclet.

Au reste, nous avons pu rectifier les erreurs du manomètre en pesant avec exactitude les récipients avant et après le chargement. Le poids de chaque mètre cube d'air étant de treize cents grammes, il est toujours facile de se rendre, avec une bonne balance, un compte fidèle de la pression de l'air dans les vases.

Nous rapporterons ici un fait très singulier dont nous n'avons pu nous expliquer la cause. Un jour nous fîmes ouvrir le robinet d'un vase chargé à très haute pression (plus de quarante atmosphères), l'air s'échappa par l'ouverture qui n'avait pas plus d'un millimètre de diamètre, avec une violence extrême ; tout-à-coup l'écoulement cessa ; puis, après quelques secondes, il recommença avec un sifflement plus strident ; l'air s'étant de nouveau arrêté, je plaçai ma main vis-à-vis l'ouverture, à un mètre environ, aussitôt ma main fut frappée par une multitude de petits grêlons que j'eus le temps à peine de reconnaître à leur blancheur, car ils furent immédiatement vaporisés. M. Tessié fit la même expérience et éprouva le même effet. D'où provenaient ces grêlons? Était-ce de l'air consolidé ? est-ce seulement la partie aqueuse introduite dans le vase avec l'air, qui était devenue grêle? Nous soumettons cette question à de plus habiles que nous.

RÉGULATEUR.

—

Après nous être assurés du terrain en constatant qu'on peut obtenir et conserver de hautes pressions dans des vases hermétiquement fermés, nous avons procédé aux expériences concernant l'égale émission de la force au moyen d'un régulateur ; à cet effet nous avons imaginé un appareil de construction fort simple qui consiste en un vase placé entre le récipient et le corps de pompe , et à travers lequel l'air passe en se régularisant. Une vanne , une pompe et un ressort composent le mécanisme de cet appareil tout en métal et susceptible de supporter lui-même les plus hautes pressions : un coup d'œil jeté sur le dessin suffit pour faire comprendre le jeu de ce nouvel organe mécanique où l'air agit pour ainsi dire par respiration; il s'ouvre lui-même la porte pour sortir, fort petite d'abord , puis de plus en plus grande à mesure qu'il se déprime. Au moyen du ressort plus ou moins bandé, l'air s'émet avec une force plus ou moins grande, mais toujours la même. Le premier régulateur construit par nous ayant éclaté parce qu'il était en cuivre, nous en avons construit plusieurs autres en tôle de fer doux, comme les récipients ; ils ont parfaitement réussi. Notre régulateur est donc un nouvel agent acquis à la science mécanique ; également applicable à l'émission de toute espèce de fluides, il pourrait être fort utilement admis dans la construction des machines à vapeur.

BIELLE TANGENTE.

—

Dans le cours de nos expériences, nous nous sommes proposé, non seulement de substituer à la vapeur d'eau la force d'un nouveau fluide, mais nous avons cherché, chemin faisant, à améliorer l'économie des machines locomotives dont certaines parties nous semblent encore très imparfaites. Notre attention s'est spécialement portée sur les moyens de transmission du mouvement. Assurément la bielle ordinaire mise en jeu par la pompe, et agissant sur un axe coudé, est un agent mécanique admirable à cause de son extrême simplicité, et peut-être ne pourra-t-il jamais être remplacé utilement malgré tous les défauts qu'il comporte. Ces défauts sont cependant capitaux, les voici : la bielle n'agit utilement que lorsqu'elle s'écarte à droite ou à gauche de la tige du piston, et dans ce cas une bonne partie de la force se perd sur les coulisses qui la dirigent; lorsqu'elle se trouve en ligne directe avec la tige du piston, son travail est nul parce qu'à ce moment elle n'opère que sur les points morts de la circonférence qu'elle décrit, tellement que si la machine était privée d'entraînement, elle s'arrêterait; aussi les machines fixes doivent-elles être munies d'un volant pour aider à passer ces points inertes. Mais les machines locomotives ne comportent pas de volants, que fait-on? On y place deux bielles (par conséquent deux corps de pompe), qui agissent alternativement, de sorte qu'elles s'aident l'une l'autre à franchir les mauvais pas de leur course. Or, voyez les suites : ces deux mouvements obligent à couder deux fois l'essieu des grandes roues d'action; c'était déjà un mal de le couder une fois, car pour conserver à l'essieu la solidité dont il a besoin, il faut lui donner une force excessive, de là surcroît de dépenses et surcharge pour la machine. Avec cette bielle, il y a aussi nécessité que les roues d'entraînement soient adhérentes à l'essieu; par conséquent elles ne peuvent bien tourner que sur des lignes droites, car dans les moindres courbes l'une des roues ayant plus de chemin à parcourir que l'autre, agit par frottement et enraye. La bielle ordinaire est donc, dans les locomotives actuelles, un obstacle invincible à ce qu'on admette jamais les faibles courbes dans la construction des chemins de fer ; mais ce n'est pas encore là le pire des inconvénients de cette pièce du mécanisme des locomotives : les roues d'entraînement sont d'une grandeur fort limitée à cause du rapprochement des rails, et elles ne peuvent faire qu'une seule révolution à chaque va-et-vient du piston, lequel se meut dans un corps de pompe nécessairement fort court ; de là l'obligation, lorsqu'on veut obtenir de grandes vitesses, de précipiter la marche du piston qui dans la rapidité de son mouvement saccadé ébranle toute la machine, la disloque et la ruine en très peu de temps. Il y a, en Angleterre, dans toutes les administrations de chemins de fer, un atelier spécial qu'on nomme l'hôpital des locomotives : cet atelier est toujours fort encombré ; or, c'est la bielle cause première des blessures et des infirmités des locomotives, qui les envoie toutes à l'hôpital.

La bielle tangente que nous proposons remédierait aux graves inconvénients que nous venons de signaler : comme l'indique le nom que nous lui avons donné, elle attaque toujours par la tangente la circonférence à décrire et agit sur un levier constant ; l'essieu n'a plus besoin d'être courbé ; le corps de pompe peut avoir une longueur en quelque sorte indéterminée, et chaque coup de piston peut produire plusieurs tours de roue. La bielle tangente, n'ayant plus de points morts à passer, peut fonctionner seule, avec un seul corps de pompe. Enfin cette bielle n'étant point adhérente comme l'autre, à l'arbre qu'elle fait tourner, les bâtiments à vapeur en recevraient une notable amélioration, car ils pourraient désormais aller à la voile sans que les roues à palettes fussent un obstacle à leur marche.

Voilà certes de grands avantages; mais il faut reconnaître que la nouvelle bielle manque de cette simplicité si précieuse que présente la bielle ordinaire; elle exige dans sa construction une exactitude qui est toujours une nécessité fâcheuse en mécanique.

Comme on le voit par les dessins, notre bielle tangente consiste en un châssis mû par la tige du piston; ce châssis est composé de deux crémaillères parallèles, à dents mobiles, agissant sur une roue à lanterne; quand un côté est en action, les dents du côté opposé rentrent dans l'épaisseur du montant, de sorte que le mouvement de rotation s'opère sans interruption, soit que le piston aille ou qu'il vienne; le premier modèle de cette bielle tangente que nous avons construit a parfaitement réussi; (expérience du 10 octobre 1839). Elle était

7

à simple effet, c'est-à-dire qu'elle ne faisait tourner la roue que dans un sens; plus tard nous l'avons exécutée en grand et essayée à une des roues de la voiture à air que nous avons fait construire ; son action est à double effet, c'est-à-dire qu'elle peut également imprimer à la locomotive le mouvement en avant et en arrière.

La moitié de l'idée de notre bielle tangente appartient à Papin (1); il voulait transformer le mouvement rectiligne en mouvement de rotation en adaptant à la tige du piston une crémaillère qui aurait fait tourner une roue à dents mobiles ; mais comme cette crémaillère n'aurait agi qu'en montant, sans produire d'effet à la descente, Papin propose d'employer deux corps de pompe dont l'action alternative produirait le mouvement continu. Ce système, tout imparfait qu'il est, a été mis récemment en pratique en Angleterre par M. Maudsley, mais il ne convient qu'à des machines à condensation ; dans les machines à hautes pressions (et les locomotives n'en admettent pas d'autres), la moitié de la vapeur serait dépensée en pure perte, puisque le retour du piston se fait à vide ; sous ce point de vue, notre bielle tangente

(1) Voir la savante notice de M. Arago sur les machines à vapeur, *Annuaire* 1836, page 287.

complète la pensée du célèbre physicien à qui re-
vient la meilleure part dans l'invention des machines à vapeur.

Nous pensons toutefois que la bielle tangente ne
pourra être utilement appliquée qu'aux navires et
aux voitures destinées à marcher sur terre ou sur
des chemins de fer à fortes pentes ; au reste , ce
nouvel agent mécanique a encore besoin d'être
perfectionné.

Dans la voiture à air que nous avons construite,
nous avons conservé la bielle ordinaire ; mais elle
y fonctionne dans des conditions bien meilleures
que dans les locomotives ordinaires , parce que
nous avons changé, en la simplifiant, l'économie
générale du mouvement des roues, comme on le
verra plus loin.

PRODUCTION IMMÉDIATE DU MOUVEMENT DIRECT DE VA-ET-VIENT.

La bielle tangente dont nous venons de parler est telle, que chaque va-et-vient du piston produit plusieurs tours de roue ; il suit de là que nous n'avons pas pu, comme cela se passe dans les machines ordinaires, faire ouvrir et fermer les tiroirs des pompes par l'axe des roues elles-mêmes, puisqu'il n'y avait plus de corrélation entre leurs mouvements. Ce travail, nous l'avons confié à la tige même du piston au moyen d'un mécanisme fort simple que la vue du dessin fera comprendre. Il en résulte que nous produisons immédiatement ce mouvement de va-et-vient sans l'intervention du mouvement circulaire. Ç'a été pour nous une surprise fort singulière la première fois que nous avons vu marcher ainsi notre corps de pompe seul et par sa propre action. Nous en fîmes immédiatement l'application à une scie droite qui se trouva

ainsi mise en mouvement comme avec la main
d'un homme ; une pièce de bois fut sciée ainsi
avec une grande régularité. (Expérience du 10 octobre 1839.)

Il est évident que le mouvement immédiat de
va-et-vient peut être également appliqué sans intermédiaire et sans transformation aux pompes à
eau, aux rouleaux à broyer le chocolat, et en général à toutes les machines qui exigent un mouvement direct alternatif. On verra que nous avons
fait un heureux emploi de ce mouvement immédiat
direct dans la voiture à air dont il sera parlé plus
loin.

POMPES, SOUPAPES, PISTONS.

Les pompes dont nous nous sommes servis pour comprimer sont, comme nous l'avons dit, d'une puissance extraordinaire. Nous avons acquis la conviction qu'elles supportaient en elles-mêmes un effort d'au moins cent soixante atmosphères, bien qu'elles ne produisissent dans les récipients qu'une pression qui ne dépassait pas quarante. Ce fait doit être attribué à la forme conique des soupapes, lesquelles sont représentées à la feuille des dessins. L'air comprimé dans la pompe agit, pour soulever cette soupape, sur la petite surface qui n'est pas le quart de la surface opposée contre laquelle réagit l'air déjà pressé dans le récipient. Il est évident qu'il faut un effort quadruple sur une surface quelconque pour équilibrer la force qui agit sur une surface quatre fois plus étendue. Or, toutes les soupapes connues, métalliques ou non, présentent, dans un degré plus ou moins grand, l'imperfection que nous venons de signaler, et c'est à ce vice radical qu'il faut attribuer la faible puissance de la plupart des machines destinées à opérer la pression des fluides et des liquides.

Sur ce point encore, nous avons cherché à remédier à l'inconvénient dont nous avons été si vivement frappés. La feuille des dessins représente une soupape à pompe que nous avons fait exécuter pour la pression de l'air. La surface du petit piston adhérant à la soupape, étant égale à la surface de réaction de cette soupape, il est évident que le maximum de force exercée dans le cylindre de pression passera maintenant tout entier dans le récipient, et que l'air pourra rendre par sa détente toute la force qui aura été employée pour le comprimer, ce qui n'a jamais eu lieu jusqu'à ce jour.

Nous pensons que notre soupape à pompe est une des améliorations qui contribueront le plus à hâter les progrès de la nouvelle science aérodynamique; car, au moyen de cette soupape, l'air rentre dans la catégorie des ressorts qui rendent fidèlement, par leur détente, la somme de force qui a été employée pour les bander.

Notre attention s'est aussi portée sur les pistons: ces pièces sont ordinairement garnies de chanvre ou de cuir, qui se détériorent vite et obligent à de fréquentes réparations; perte de temps et perte d'argent. Nous avons tout d'abord supprimé le cuir et le chanvre ; nos nouveaux pistons sont purement métalliques ; ils comportent trois améliorations capitales (voir le dessin). D'abord plusieurs cercles de cuivre doués de flexibilité les enveloppent ; et exercent sur les parois du cylindre une pression fort douce, suffisante néanmoins pour fermer tout passage au fluide ; en second lieu, le piston se graisse par la tige, qui est creuse, et dans laquelle on injecte de l'huile au moyen d'un trou pratiqué à l'extérieur. Enfin nous avons changé les surfaces qui reçoivent l'action du fluide : d'ordinaire ces surfaces sont planes, circonstance qui permet à la vapeur ou à l'air de se porter vers la circonférence, et de tendre à forcer le seul passage par où il leur soit possible de s'échapper. Pour dérouter cette tendance, nous avons cherché à diriger les efforts du fluide vers le centre du piston ; pour cela, nous avons rendu concaves les surfaces planes. Tous les pistons dont nous avons fait usage jusqu'à ce jour ont été construits comme nous venons de le dire ; ils ont pleinement réussi. Une fois placés, il n'y a plus à les toucher ; ils peuvent même fonctionner plusieurs mois sans être huilés. Nous ne doutons pas que les constructeurs de machines à vapeur ne trouvent un grand avantage à employer ces pistons ainsi modifiés.

DU MOUVEMENT RECTILIGNE DES PISTONS.

—

Une des plus ingénieuses inventions de Watt, est son parallélogramme au moyen duquel la tige du piston se meut à très peu près en ligne directe ; pour les machines fixes, il n'y a rien de mieux ; mais le parallélogramme ne saurait être employé dans les machines à pression de petites dimensions, dans celles par exemple que devrait faire mouvoir la main de l'homme. Pour ce cas, qui se présentera très fréquemment lorsque le système de la transformation des forces sera en vigueur, nous avons imaginé un agencement fort simple dont l'idée nous a été suggérée par la pompe atmosphérique de Newcomen, dans laquelle la tige du piston est tirée de bas en haut par une chaîne qui s'enroule sur un quart de cercle. Il est évident que la traction est opérée ainsi avec une rectitude parfaite ; mais pour faire descendre le piston, cette chaîne n'est plus d'aucune utilité, ce qui d'ailleurs est sans inconvénient dans la machine dont il s'agit, car le piston y est ramené en bas par la puissance atmosphérique ; mais dans les machines à haute pression, il est nécessaire que le piston soit tiré et poussé alternativement d'une manière rigide. C'est pour obtenir cet effet que Watt a imaginé son parallélogramme. Nous avons pensé qu'on pourrait atteindre le même but en doublant la chaîne de Newcomen de manière que l'une des chaînes tirât vers le haut, et l'autre vers le bas. Ce système que nous avons appliqué à une pompe à compression mue par un homme, a parfaitement rempli son objet ; en très peu de temps et sans peine, nous obtenions des pressions de dix atmosphères (voyez les dessins). Les fonteniers pourront, ce nous semble, tirer profit de ce mode de direction qui leur permettra d'allonger leurs corps de pompe, et par conséquent de diminuer le diamètre des pistons, avantage immense que peuvent comprendre seuls les gens versés dans la science de l'hydraulique.

LE DILATEUR.

L'air a la double propriété de se comprimer et de se dilater ; il se comprime par le froid et par des moyens mécaniques, il se dilate par la chaleur ; nous l'avons expérimenté dans les deux sens, et nous avons acquis la conviction que, dans beaucoup de circonstances, il y aurait un fort grand avantage à combiner ces deux facultés. A chaque degré de chaleur, le volume de l'air s'augmente de 0,00469. Les observations ont été faites depuis 28° jusqu'à 240° (Réaumur).

De cette indication fournie par la physique moderne touchant la dilatabilité de l'air, nous avons composé le tableau suivant :

à 213° le volume de l'air	*double*, et fait effort à	*une* atmosphère			
426°	id.	*triple*	id.	*deux*	id.
659°	id.	*quadruple*	id.	*trois*	id.
852°	id.	*quintuple*	id.	*quatre*	id.
1065°	id.	*sextuple*	id.	*cinq*	id.

Cette progression serait exacte si en effet la loi d'accroissement du volume de l'air était constamment en rapport simple avec le nombre des degrés de chaleur auxquels il est soumis ; mais nous avons lieu de suspecter l'exactitude du chiffre qui a servi de base à nos calculs, et nous pensons que la dilatation de l'air s'accroît bien plus rapidement surtout dans les hautes températures ; ainsi l'air qu'on chaufferait par exemple à 852° acquerrait certainement une force d'expansion supérieure à quatre atmosphères ; voici une expérience qui a été faite par M. Tessié du Motay, mon associé ; un fort canon de fusil hermétiquement bouché aux deux extrémités a été jeté dans un feu bien entretenu, mais incapable pourtant de fondre le cuivre, c'est-à-dire ne manifestant pas une chaleur de 800 degrés ; cependant au bout d'une heure environ le canon de fusil éclata avec une détonation violente. Or, ce résultat aurait-il pu être obtenu par une simple dilatation de trois et même de quatre atmosphères ? Cela n'est pas croyable. Pour faire éclater un tube de fer qui, à froid, aurait résisté à cent atmosphères au moins, et qui, dans le feu, n'a pas dû perdre plus des trois quarts ou des quatre cinquièmes de sa ténacité, il faut supposer une force expansive d'au moins vingt ou vingt-cinq atmosphères. Nous avons donc lieu de présumer que la dilatation de l'air s'accroît dans une progression très rapide, peut-être selon *le carré des chaleurs;* car il est essentiel de remarquer que l'air comprimé absorbe, comme la vapeur d'eau, une très grande quantité de calorique latent, dont l'action expansive doit s'ajouter à l'action de la chaleur destinée à opérer la dilatation.

Quoi qu'il en soit, ce que nous venons de dire suffira pour faire comprendre tout le parti que l'on peut tirer de la dilatation de l'air combinée avec sa compression; car ce sont deux forces qui se multiplient l'une par l'autre; ainsi, à ne prendre pour vrais que les chiffres du tableau qui précède, si vous dilatez à 639° l'air pressé dans votre récipient à trente atmosphères, vous aurez l'équivalent de la même capacité à quatre-vingt-dix atmosphères. Voilà certainement le minimum que l'on obtiendrait; mais où n'irait-on pas, si, comme nous en avons la pensée, la dilatation suit le carré des chaleurs? Votre air pressé à trente atmosphères et dilaté à 639°, ferait effort, dans le même vase, à deux cent soixante-dix atmosphères. C'est en vue d'expérimenter cette loi nouvelle que nous avons fait construire des appareils propres à opérer la dilatation de l'air comprimé,

et que nous avons cherché à les employer dans la
voiture à air dont nous parlerons plus loin avec
détails.

Ç'a été un problème assez difficile à résoudre
que l'application de cette loi de la multiplication
des forces de dilatation et de compression de l'air:
d'abord il ne fallait pas songer à opérer cette dilatation dans le récipient même dépositaire de l'air
comprimé, car ce récipient, qu'on doit supposer
chargé autant que le permet sa force de résistance,
aurait évidemment cédé sous une charge double
ou triple; et d'ailleurs en le soumettant à l'action
d'un feu assez violent, on l'aurait placé dans la
position critique où se trouvent les chaudières à
vapeur, comme nous l'avons dit dans la première
partie de cet ouvrage. Il a donc fallu produire la
dilatation dans un vase à part ; il a fallu aussi que
ce vase ne fût pas trop grand pour ne pas embar-
rasser, condition essentielle à l'égard des locomotives; la forme de ce petit récipient, que nous
avons nommé *dilateur*, a dû être telle que l'air s'y
chauffât en passant et s'y dilatât en quelque sorte
instantanément; or, ceci est contraire à la nature
de l'air qui est un très mauvais conducteur de la
chaleur ; avez-vous remarqué qu'en hiver, près
d'un grand feu, dans une chambre froide, on

brûle d'un côté et on gèle de l'autre ; il faut
long-temps pour que la chaleur pénètre de proche en proche toute une masse d'air ; il a fallu une
heure pour que le canon de fusil dont nous venons de parler éclatât. On verra par les dessins
qui représentent notre dilateur, que l'air, malgré
sa nature rebelle, doit s'y chauffer avec une très
grande rapidité.

Voici quel a été le résultat de notre première
expérience à ce sujet : un récipient de cent litres,
chargé à vingt-cinq atmosphères, a été vidé à froid,
sans dilateur ; le cadran du fluomètre (instrument
que nous avons imaginé pour mesurer l'écoulement
des fluides) a indiqué deux mille deux cents tours
de roue. Un autre récipient de même capacité,
mais chargé seulement à quinze atmosphères,
ayant été vidé à chaud, avec le dilateur, le fluomètre a marqué trois mille quatre cents tours ;
c'est-à-dire que si le récipient avait été chargé à
vingt-cinq atmosphères, il y aurait eu cinq mille
six cent soixante-six tours de roue, au lieu de
deux mille deux cents. Donc, dans ce cas, le fait de
la dilatation a porté la puissance de l'air comprimé
de un à deux et demi, et cependant l'air a passé
par le dilateur avec une rapidité prodigieuse, car
la capacité du tuyau dilateur est à peine le quart

de celle du corps de pompe, lequel se vidait trois fois par seconde, c'est-à-dire que l'air se renouvelait dans le dilateur douze fois par seconde, ou en d'autres termes qu'il ne mettait qu'un douzième de seconde à se chauffer et à se dilater de un à deux et demi. (Voir le procès-verbal du 17 avril 1840.)

Le résultat de cette importante expérience laisse entrevoir un immense avenir aux machines à air; nous voulons parler de la reproduction de la force par elle-même. Voici comme nous entendons que s'opèrera cette reproduction de la force : un récipient de petite dimension (deux ou trois fois la capacité du corps de pompe) est rempli d'air pressé à trois atmosphères, cet air passant par le dilateur qui en triple la force est porté à neuf atmosphères; de ces neuf atmosphères, cinq seront employées à produire le travail voulu, et les quatre autres à comprimer de l'air nouveau à trois atmosphères, une atmosphère étant perdue en route.

Si les choses arrivent à se passer ainsi, on n'aura plus besoin de compression, car les deux ou trois atmosphères de départ (dans un petit récipient) pourront toujours s'obtenir en peu de temps à la main pour les plus puissantes machines. Alors se trouvera résolu le problème le plus important dont ait jamais pu s'occuper l'industrie humaine : les voitures à air parcourront, sans s'arrêter, les chemins les plus étendus ; les navires feront le tour du monde. La seule dépense nécessaire pour reproduire la force consistera dans l'alimentation du petit foyer de chaleur destiné à opérer la dilatation. Or, la forme et la disposition de notre dilateur sont telles que, par exemple, la chaleur entretenue de quatre fortes lampes Carcel devra suffire pour faire marcher une locomotive de grandeur ordinaire.

Au reste c'est vers le but que nous venons d'indiquer que nous nous proposons de poursuivre le cours de nos expériences.

FOURNEAU SOLAIRE.

—

Quels que soient les avantages que présente le dilateur que nous venons de décrire , pour accroître la puissance de l'air comprimé et peut-être la reproduire continuellement , nous avons dû néanmoins reconnaître que l'emploi de ce nouvel appareil, qui ne peut fonctionner qu'avec de la chaleur, est en quelque sorte contraire au grand principe que nous avons posé , lequel consiste à généraliser l'emploi des forces gratuites. Frappé de cette pensée, nous avons cherché s'il n'y aurait pas moyen de puiser dans la nature une chaleur qui ne coutât rien , pas plus que la force des eaux et des vents dont nous allons nous servir tout-à-l'heure : notre vue s'est d'abord portée sur le soleil, vaste foyer qui chauffe l'univers. N'est-ce pas dans cette fournaise qu'Archimède prit gratuitement le feu avec lequel il incendia la flotte des Romains ?

Newton, dont les prévisions valent des expériences, a dit que trois fois la chaleur d'un soleil d'été ferait bouillir l'eau ; que l'étain fondrait à six soleils , le plomb à huit , le régule à douze , ainsi de suite, d'où il suit que la chaleur que nous enverraient vingt-quatre soleils à la fois ferait rougir le fer. Et maintenant voici Buffon qui constate qu'un bon miroir réfléchit la moitié de la chaleur d'un soleil ; ne semble-t-il pas qu'il faille conclure de là que deux miroirs réfléchiront la chaleur du soleil ; que six feront bouillir l'eau ; que douze fondront l'étain, seize le plomb, vingt-quatre le régule, etc., et qu'enfin quarante-huit miroirs agissant ensemble feront rougir le fer ? il n'en est rien pourtant ; les expériences mêmes de Buffon prouvent qu'il a fallu plus de cent miroirs pour brûler une planche de sapin. Il serait cependant bien essentiel de savoir quel surcroît de chaleur apporte la réflexion de chaque miroir, à une température donnée ; mais telle n'était pas la pensée qui préoccupait notre naturaliste : ses expériences avaient seulement pour objet de constater la possibilité du fait attribué à Archimède, il voulait brûler de loin ; nous voulions chauffer de près. Afin de savoir à quoi nous en ténir sur ce point, nous avons fait construire un *fourneau solaire*, appareil composé d'un certain nombre de miroirs égaux et mobiles en tous sens.

Voici le résultat d'une de nos expériences faite avec le plus grand soin. Le 19 de mai 1840, à quatre heures trente minutes de l'après-midi, le thermomètre marquant 17° à l'ombre, le fourneau solaire, armé de dix-neuf miroirs, a été dirigé sur la cuvette à mercure du thermomètre éloigné de deux mètres. En vingt minutes le mercure est monté à 80° (Réaumur); cinq minutes après, il indiquait 90°. A ce moment la planche du thermomètre commençant à brûler, l'expérience a été arrêtée.

Il résulte de là que l'action combinée de dix-neuf miroirs a produit un surcroît de 73° de chaleur, c'est-à-dire environ 3° 1/2 par miroir. De sorte qu'un fourneau solaire composé de cent miroirs ajouterait 350° à la température de 17°, ce qui ferait 367°, chaleur suffisante pour maintenir le plomb en fusion, et permettre à un de nos dilateurs de fonctionner avec quelque utilité. (Procès-verbal du 19 mai 1840.)

Ainsi se trouverait réalisée la dilatation gratuite. Toutefois nous ne croyons pas qu'il faille compter beaucoup sur le calorique emprunté au soleil dans nos climats, où cet astre se montre si souvent avare de sa chaleur; mais dans les régions méridionales, privées pour la plupart d'industrie faute de combustibles, nous croyons qu'il arrivera un

temps où le fourneau solaire pourra rendre de très
grands services, non seulement pour la production
du mouvement par la dilatation gratuite de l'air ,
mais pour tous les autres besoins des hommes.
Dans notre Algérie, par exemple, où il y a pénurie
de bois et de charbon , et où le soleil se montre
généreux jusqu'à l'offense , quel parti ne pourrait-
on pas tirer de notre fourneau solaire? Vingt miroirs seulement, sous un soleil à 30°, donneraient
des chaleurs de 160° à 170°; c'est plus qu'il n'en
faudrait pour la préparation des aliments de toute
une armée, de toute une nation.

———————

DES COMPRESSIONS GRATUITES.

—

Les personnes qui examinent sans prévention la question de l'air comprimé ne doutent ni de l'efficacité ni des avantages que présente ce nouveau moteur, mais elles semblent craindre que les frais de compression ne soient trop considérables. Nul ne connaît mieux que nous la portée de cette objection, car nous avons la pensée qu'en se servant des agents mécaniques dont on a fait usage jusqu'à ce jour pour presser les fluides, et en employant à ce travail la force dispendieuse des hommes, des animaux et même de la vapeur, il y aurait peut-être, sous le point de vue économique, quelque mécompte à redouter. C'est parce que nous avions cette conviction, même avant de l'avoir acquise par l'expérience, que, d'une part, nous avons cherché à réformer les pièces mécaniques, notamment les pompes, les pistons et les soupapes, dont l'imperfection faisait perdre plus des trois quarts de la force première, et qu'en second lieu nous avons voulu que cette force première fût puisée gratuitement dans les deux grandes sources que la nature met toujours et partout si libéralement à notre disposition : les eaux et les vents.

Qu'il soit donc bien entendu que notre pensée n'est pas qu'on produise de l'air comprimé à tout prix; nous voulons qu'au moyen de l'air comprimé, qui se peut conserver et transporter, on généralise l'emploi des forces naturelles dont l'industrie humaine a tiré jusqu'à présent de si faibles avantages. La cent millième partie des forces que déploient dans leurs cours les eaux du Mississipi suffirait pour remorquer les nombreux navires qui sillonnent ce grand fleuve. La cent millième partie des forces que manifestent les vents sur les falaises de l'Océan suffirait à tous les besoins de la navigation des mers du globe.

Ce grand principe posé, nous avons dû rechercher si les machines mises jusqu'à ce jour en mouvements par les vents et par les eaux seraient capables d'accomplir le nouveau travail que nous leur destinons. Le moulin à vent tel qu'il est généralement employé nous a paru d'une puissance fort bornée ; il exige d'ailleurs la présence assidue d'un ou de plusieurs hommes pour l'orienter suivant la direction variable des vents : nous l'avons changé. La roue à palettes ou la roue pendante que le cours des rivières fait tourner nous a semblé encore plus faible et plus imparfaite : il faut la hausser ou la baisser, suivant que les eaux s'élèvent ou descendent ; la gelée l'arrête : nous l'avons changée.

Pour remplacer ces deux grands agents mécaniques, nous proposons deux moteurs nouveaux que nous avons nommés la *turbine éolique* pour les vents, la *roue fluviale* pour les eaux.

TURBINE ÉOLIQUE.

La turbine éolique dont nous allons parler est une sorte de moulin à vent conçu dans un ordre d'idées tout nouveau ; on pourrait l'appeler aussi un moulin à air comprimé, car le vent n'est que de l'air en mouvement.

Tout le monde a remarqué que lorsque le vent s'engouffre dans une rue dont les coins sont coupés par des plans obliques, il y acquiert une violence extrême ; c'est qu'obligé de passer par un espace plus étroit, il se comprime ; à sa force de pulsion vient se joindre sa force d'expansion. On nous a raconté que les armuriers de Damas obtiennent la trempe de leurs fameuses lames d'une singulière façon : ils placent leur foyer dans quelque gorge où règne le vent du nord ; au-devant de leur forge, ils élèvent deux plans fort lisses, comme deux murailles, inclinés l'un à l'égard de l'autre de manière que leur ouverture se présente au vent, qui s'y précipite, s'y comprime, et s'échappe froid et violent par une longue fente laissée en arrière. Au sortir du feu, le fer rouge est plongé dans ce courant d'air glacé, qui le lance sur le sable, où il refroidit. On dit qu'un cavalier ayant voulu passer un jour derrière une de ces fentes soufflantes, fut violemment jeté à terre, lui et son cheval.

C'est sur ce principe de la compression du vent entre des plans inclinés et l'accroissement de sa force par cette compression qu'a été construite notre turbine éolique. Une roue à six ailes courbes, tournant verticalement comme les moulins chinois, est entourée de huit plans fixes, debout, et tous inclinés dans le même sens, de telle sorte que le vent, de quelque côté qu'il souffle, se dirige toujours sur la face concave des ailes, et les oblige à tourner avec d'autant plus de puissance que les plans de compression sont plus étendus. (Voir les dessins et modèles.)

On voit que si les ailes ont 8 mètres de hauteur sur 2 de largeur, c'est-à-dire qu'elles présentent 16 mètres carrés de surface, et si le grand diamètre de la coupe horizontale de la turbine éolique a 18 mètres, chaque aile recevra l'effort de tout le vent, qui passe par une aire de 18 mètres sur 8, c'est-à-dire de 144 mètres carrés.

On voit aussi que l'inclinaison des plans de compression est telle, que la machine, quoique fixe, est toujours orientée, et, sous ce rapport, n'a besoin d'aucune surveillance.

Outre les compressions de l'air, la turbine éolique peut être très utilement employée à toutes sortes de travaux, et notamment à l'élévation des eaux sur les points culminants, et au desséchement des marais.

LA ROUE FLUVIALE.

—

Le principe de la roue fluviale repose sur la pression des eaux courantes, comme le principe de la turbine éolique repose sur la pression du vent (1). Figurez-vous une roue plongée entièrement dans l'eau et faisant face au courant ; elle est composée de douze à seize ailes toutes inclinées dans un même sens, légèrement concaves. Au-devant du centre de cette roue, vous voyez s'avancer un cône qui présente son sommet au fil de l'eau ; un autre cône, ou plutôt une autre partie conique, formant enton-

(1) Nous n'entendons faire ici concurrence ni aux roues à augets, ni aux roues à cuves, ni aux turbines simples ou perfectionnées, parce que ces machines hydrauliques exigent pour fonctionner des chutes d'eau ; or, les chutes d'eau sont presque toujours des propriétés privées, elles sont d'ailleurs très chères et rares, et nous voulons des forces naturelles qui se trouvent partout et ne coûtent rien.

noir, se place autour de la circonférence de la roue, de sorte que l'eau s'engouffrant entre cet entonnoir et le cône central, se jette avec violence sur les ailes obliques, et les force à tourner. Tout cela est monté sur un bâtis en bois ou en fonte, lequel est maintenu au fond de l'eau par son propre poids, par des crampons, par des pieux, ou par tout autre moyen. Une fois jetée ainsi au fond de l'eau et dans le vif du courant, la roue fluviale tourne continuellement ; cette roue, complétement submergée, ne craint ni les sécheresses, ni les hautes eaux, ni les glaces. Elle doit être protégée néanmoins par une sorte de treillage placé en amont pour arrêter les herbes ou corps flottants que le courant peut charrier.

Pour les rivières à lit changeant, comme la Loire et l'Allier, il faudra mettre les roues fluviales sur des bateaux d'une coupe particulière dont nous donnerons le dessin, de manière à pouvoir se déplacer avec le courant.

Voici le résultat de nos premières expériences. Nous avons voulu d'abord connaître la force relative d'une roue fluviale comparée à une roue à palettes ordinaires ; à cet effet nous avons construit le modèle de l'une et de l'autre dans des dimensions égales ; toutes les deux avaient 33 centimètres de diamètre, 27 millimètres de levier, et 16 ailes de même longueur et de même largeur. La roue à palette placée dans un bon courant de la Seine (1^m, 30 par seconde), les deux tiers du rayon étant immergés, a soulevé un poids de 650 grammes ; (1 livre 1/4); la roue fluviale, plongée dans le même courant, a soulevé un poids de 15,000 grammes (30 livres), c'est-à-dire qu'elle a manifesté *vingt-trois fois* plus de force. (Voir le procès-verbal du 4 mai 1840.)

Etonnés d'un si grand résultat, nous avons voulu de suite savoir si cette nouvelle machine pourrait être employée à l'élévation des eaux. Une roue fluviale de 50 centimètres de diamètre, munie de son entonnoir et faisant mouvoir une pompe à eau, a été placée au-dessous du pont des Invalides, dans un courant assez vif de la Seine (1 mètre 50 centimètres par seconde); la pompe en communication avec un tuyau en toile attaché à un mât de 12 mètres (36 pieds), l'eau du courant s'est élevée jusqu'à cette hauteur, sans jaillir toutefois, parce que le tuyau de toile étant neuf, laissait échapper beaucoup d'eau. (Procès-verbal du 2 juillet 1840.)

Une troisième roue fluviale de 60 centimètres de diamètre, placée dans le même courant, et adaptée à la même pompe, a fait jaillir l'eau à 13 mètres de hauteur ; elle n'avait qu'un très faible entonnoir. (Procès-veral du 10 juillet 1840.)

La même roue placée dans le même courant, mais aidée de plans de renvoi, a fait jaillir l'eau à 15 mètres de hauteur.

En prenant pour base le résultat de la première expérience par laquelle il a été constaté qu'une roue fluviale de 33 centimètres de diamètre (1 pied), agissant sur un levier de 27 millimètres (1 pouce), a manifesté, dans un courant de 1 mètre 30 centimètre par seconde, un pouvoir dynamique de 15 kilogrammes, nous avons formé le tableau suivant :

Diamètre de la roue.			Levier.		Poids enlevé.
0,33 cent.	— (1 pied)	— 0,027 mill.	— (1 pouce)	—	15 kil.
0,66	— (2 pieds)	— 0,055	— (2 pouces)	—	60 id.
1 mètre	— (3 pieds)	— 0,082	— (3 pouces)	—	135 id.
1,33 cent.	— (4 pieds)	— 0,109	— (4 pouces)	—	240 id.
1,66	— (5 pieds)	— 0,135	— (5 pouces)	—	375 id.
2 mètres	— (6 pieds)	— 0,166	— (6 pouces)	—	540 id.
2,33 cent.	— (7 pieds)	— 0,195	— (7 pouces)	—	650 id.
2,66	— (8 pieds)	— 0,218	— (8 pouces)	—	960 id.
3 mètres	— (9 pieds)	— 0,246	— (9 pouces)	—	1215 id.
3,33 cent.	— (10 pieds)	— 0,270	—(10 pouces)	—	1500 id.
3,66	— (11 pieds)	— 0,297	—(11 pouces)	—	1815 id.
4 mètres	— (12 pieds)	— 0,352	—(12 pouces)	—	2160 id

On sait que la force d'un courant s'accroît comme le carré des vitesses, c'est-à-dire que si l'eau qui fait 1 mètre par seconde produit un choc exprimé par F, l'eau entraînée à 2 mètres par seconde produirait un choc exprimé par 4 F, et celle qui ferait 3 mètres par seconde, produirait 9 F. Il suit de là qu'une même roue fluviale placée dans deux courants différents produira des effets beaucoup plus différents encore : ainsi, la roue de 2 mètres de rayon qui, suivant le tableau, enlèverait dans la Seine 2,160 kilogrammes, pourrait enlever un poids quatre fois plus considérable, c'est-à-dire 8,640 kilogrammes, si elle fonctionnait dans le Rhône dont le courant est au moins deux fois plus fort. Munie de deux entonnoirs, la roue fluviale fonctionnera avec de grandes forces dans les courants alternatifs des marées ; dans ce cas les ailes seront planes et inclinées à 45 degrés. (Voir les dessins du brevet.)

Les applications de la roue fluviale sont infinies : le principal travail que nous lui confierons, sera, comme nous l'avons dit, de comprimer de l'air pour l'exploitation gratuite des chemins de fer, et principalement pour la navigation des fleuves. Mais que d'autres services n'est-elle pas appelée à rendre ? Le flux et le reflux des eaux de la mer va nettoyer les ports ; l'eau des fleuves, agissant sur elle-même, pourra être portée sur les collines arides et les féconder en les arrosant; n'y a-t-il pas une multitude de villes en France et à l'étranger qui manquent d'eau, et qui pourtant sont baignées par des rivières rapides? Dix roues fluviales bien placées dans Paris suffiraient pour donner à cette capitale l'eau qui lui fait faute, et cela à peu de frais, sans travaux d'art, sans interrompre le cours de la Seine, sans gêner la navigation.

Combinée, au moyen d'un agencement fort simple, avec l'air comprimé dont l'action motrice peut se porter à plusieurs mille mètres de distance, la roue fluviale contribuera très puissamment à l'épuisement des mines inondées ou au desséchement des lacs et marais voisins des rivières, quel que soit d'ailleurs le niveau des eaux stagnantes au-dessous des eaux courantes. Ainsi la Camargue pourrait être tarie, sans frais journaliers, par le courant du Rhône; ainsi le lac de Harlem pourrait être mis et maintenu à sec gratuitement par les courants du Zuiderzée.

Nous nous proposons de revenir sur cet objet important dans un écrit spécial.

Et maintenant si la roue fluviale change de rôle, si on l'attache au-devant d'un navire, et qu'au

9

lieu de recevoir le mouvement de l'eau, elle tourne
par l'action de la vapeur, de l'air, ou de toute autre force, elle remplira l'emploi d'un puissant re-
morqueur : composée dans ce cas de quatre ou six
ailes obliques et planes, elle opèrera sous l'eau
une sorte d'aspiration violente qui, par réaction,
fera avancer le navire avec d'autant plus d'énergie
que la rotation sera plus rapide.

La roue fluviale ainsi employée permettrait de
supprimer, dans les bâtiments à vapeur, les roues
à aubes, dont tout le monde connaît les inconvénients.

LE CHAPELET A CÔNES.

—

Le chapelet à cônes est un autre moteur hydraulique que nous avons imaginé pour venir en aide à la roue fluviale, ou pour la remplacer dans les circonstances où le manque de profondeur du courant ne permettrait pas de donner à cette roue un diamètre convenable. Ce moteur, comme l'indique le nom que nous lui avons donné, est composé d'un nombre illimité de cônes tous attachés par une corde ou une chaîne sans fin, laquelle s'enroule autour d'une roue à fourchettes, ou mieux d'un tambour à gorge placé horizontalement dans le courant (voir les dessins et les modèles). Il est évident que le côté du chapelet où les cônes présentent leurs bases au fil de l'eau, emportera le côté où les cônes coupent le courant par leur partie aiguë, et que le tambour tournera. Nous avons fait l'essai d'un chapelet à cônes dans un endroit assez rapide de la Seine, vis-à-vis la pompe à feu du Gros-Caillou. La corde-sans fin avait 30 mètres de longueur ; les cônes, au nombre de 30, portaient 10 centimètres de base et 20 de hauteur ; construits en bois, ils étaient un peu plus légers que l'eau déplacée et flottaient à la surface. Le rayon de la roue à fourchettes avait 40 centimètres. Le poids enlevé à la circonférence a été de 6 kilogrammes, résultat très beau eu égard à la petitesse des cônes. La vitesse obtenue, assez difficile à apprécier, nous a paru être de 25 centimètres par seconde. (Voir le procès-verbal du 23 juin 1840.)

Le chapelet à cônes acquerra une grande force si l'on dispose l'appareil de manière que les cônes d'entraînement soient maintenus dans le vif de l'eau, pendant que les cônes de retour remonteront dans le remous du courant. Une importante amélioration à apporter à ce nouveau moteur sera de faire que les cônes soient articulés, c'est-à-dire qu'ils s'ouvrent à la descente et se ferment à la remonte (à peu près comme s'ouvrent et se ferment les parapluies). Alors toute résistance étant presque annulée, on pourra obtenir des forces très considérables, même dans les courants sans profondeur.

LA VOITURE A AIR.

—

Voici une voiture qui marche par la seule action de l'air comprimé et dilaté ; elle peut porter, outre son appareil, huit personnes ; sa longueur est de 3 mètres, sa hauteur de 2 mètres et sa largeur de 1ᵐ,60 ; elle a fonctionné pour la première fois sur un chemin de fer ordinaire le 9 juillet 1840.

Après un an de recherches assidues sur les propriétés de l'air, sur les moyens de le comprimer et de le dilater, sur l'agencement des appareils propres à opérer ce double travail, sur la régularisation et la transmission de cette force nouvelle, ce fut pour nous une bien vive satisfaction de voir notre voiture partir et rouler sur les rails avec la plus grande aisance, sans bruit, sans fumée, sans danger. Le dessin joint à cet écrit la représente fidèlement. Les récipients sont cachés sous la voiture ; ils communiquent par des tuyaux en cuivre **au régulateur**, puis au dilateur, puis aux corps de pompe qui font tourner les roues. Il suffit d'ouvrir un robinet, la voiture se met seule en mouvement; arrivé au terme de sa course, le conducteur (qui peut être un enfant) n'a qu'à appuyer le doigt sur un bouton; aussitôt le jeu des tiroirs change, et la voiture marche en sens contraire. Les quatre roues étant indépendantes, la locomotive peut tourner dans les courbes à très petit rayon (1). Un vase isolé contient de l'air comprimé à un degré très élevé; on ne s'en sert que lorsqu'il s'agit de monter une côte rapide : nous avons donné à ce récipient le nom de *cheval de montagne*.

La première expérience, celle du 9 juillet, a eu lieu à froid, c'est-à-dire avec l'air comprimé seulement; dans celle du 11 du même mois, la voiture a été mise en mouvement par l'air comprimé et dilaté; elle a parcouru treize fois et demie le chemin de fer. Les récipients, dont la capacité totale est de 500 litres seulement, ont dépensé dix-sept atmosphères. Une seule pompe fonctionnait sur une seule roue, circonstance défavorable, parce que le tirage se faisait obliquement.

(1, Le chemin de fer sur lequel la locomotive a fonctionné a été construit exprès dans nos ateliers, à l'ancienne fonderie de Chaillot; il a 100 mètres environ de longueur et 1^m,50 de largeur en dedans des rails.

Tirons les conclusions de cette expérience.

500 litres d'air pressé à 17 atmosphères équivalent à 8,500 litres d'air libre. Or, la pompe qui
mettait la voiture en mouvement contient 3 litres,
et comme la pression avait lieu à 3 atmosphères,
c'est 9 litres de dépensés par coup de piston. Il
faut deux coups de piston pour produire un tour
de roue, donc chaque tour de roue a dépensé 18 litres. 8,500 litres divisés par 18 donnent 472 tours
de roue, la roue ayant 1^m,25 de circonférence. La
voiture, si elle n'eût marché qu'avec de l'air comprimé, se fût arrêtée après une course de 590 mètres; mais nous avons vu qu'elle a parcouru 13 fois
et demie le chemin de 100 mètres, c'est-à-dire
1,350 mètres. La dilatation a donc plus que doublé la force, elle l'a portée de 1 à 2,29.

Appuyons-nous sur ces faits constatés par l'expérience, et voyons ce qu'on pourrait attendre
d'une locomotive à air à grandes dimensions, de
manière à pouvoir fonctionner sur les grandes lignes de fer.

Supposons une voiture de 6 mètres de longueur
portant un ou plusieurs récipients dont la capacité
sera de 5 mètres cubes ou de 5,000 litres. Si la
pression a lieu à 40 atmosphères (nous avons maintenant la preuve qu'on pourra obtenir sans danger

des pressions à 5o et 6o atmosphères), la voiture
contiendra 200,000 litres d'air libre, lesquels, par
la dilatation, seront portés à au moins 458,000.
La pompe d'action devra avoir environ 20 litres de
capacité. Le va-et-vient du piston qui produit un
tour de roue, emploiera donc 40 litres, et si l'on
marche à trois atmosphères, on dépensera 120 litres à chaque tour de roue. 458,000 divisés par
120 donnent 3,816, qui représente le nombre des
tours de roue; admettons que la roue n'ait que
1ᵐ,5o de diamètre, elle aura de circonférence
4ᵐ,71; ce nombre multiplié par 3,816, produira 17,973. La voiture parcourra donc 17,973 mètres, c'est-à-dire à très peu près quatre lieues et
demie sans être réapprovisionnée.

Nous rappelons ici que le réapprovisionnement
des voitures s'opèrera au moyen de vastes réservoirs
placés de distance en distance sur la ligne à parcourir, et qui seront alimentés gratuitement par
l'action des roues fluviales, ou des turbines éoliques, et dans certains cas exceptionnels, par des
machines à vapeur.

Les calculs que nous venons de donner ont pour
base la seule expérience faite sur notre voiture à
air, la première probablement qui ait jamais marché sur un chemin de fer. Cette voiture assurément

est fort imparfaite : ce n'est pas du premier coup qu'on arrive à la juste proportion de toutes les pièces d'un mécanisme dont on n'a point de modèle. Il faudra agrandir les roues, élargir les tuyaux, concentrer l'air comprimé dans moins de vases, perfectionner le régulateur; il faudra surtout améliorer la disposition du dilateur qui n'a accru notre force que de 1 à 2.29, tandis qu'il sera facile de le porter de 1 à 5. Or, si l'on arrive là, et certes on y arrivera, les locomotives à air parcourront dix lieues sans s'arrêter.

Examinons la question sous un autre point de vue.

Notre voiture à air comporte le système de la compression combinée avec la dilatation, c'est-à-dire qu'il faut que l'air soit préalablement comprimé dans des réservoirs d'approvisionnement; mais, comme nous l'avons dit plus haut, au chapitre relatif au dilateur, si l'on parvient à perfectionner cet appareil de manière à chauffer l'air, au moment de le dépenser, à 7 ou 800°, on pourra se passer de la compression préalable, et n'agir que par la dilatation. Que par l'action du feu on arrive à porter la force de l'air d'une atmosphère à cinq seulement, qui empêchera de prendre sur ces cinq atmosphères une force suffisante pour injecter continuellement de l'air nouveau dans le dilateur, de manière à obtenir un mouvement continu qui ne cesserait qu'avec la chaleur dila-tante? Sur ce point notre conviction est entière; on obtiendra, par une bonne dilatation de l'air, une force expansive qui dépassera toutes les merveilles produites par la vapeur d'eau. Savez-vous ce que pensait Newton à ce sujet? Il a dit quelque part : « Si un pouce carré d'air, pris à la surface de la » terre, était dilaté autant qu'il peut l'être, il rem-» plirait tous les espaces planétaires jusqu'à Sa-» turne! » Il y a dans cette sublime exagération tout un nouvel ordre industriel, toute une rénovation sociale!

CONCLUSION.

—

Le caractère distinctif de notre époque est de rechercher dans les sciences leur côté utile pour en faire l'application aux besoins divers de l'industrie. Cette pensée a été constamment la nôtre, soit que nous ayons exposé théoriquement la nouvelle doctrine des forces naturelles, soit que, par une longue série d'expériences, nous ayons voulu appuyer cette doctrine sur des faits évidents, afin de la soustraire aux entraves d'une polémique stérile. Aujourd'hui que nos travaux d'essai ont obtenu les résultats que nous en attendions, nous pensons que le moment est venu de travailler à la réalisation de nos vues sur l'emploi des forces gratuites des eaux et des vents, et sur la transformation et la conservation de ces forces par l'air comprimé; mais cette grande œuvre ne peut être confiée qu'au génie tout-puissant de l'association; dans cette circonstance, le concours des hommes

d'intelligence et de cœur ne nous manquera pas ;
il sera honorable et à la fois profitable de nous se-
conder ; car en dehors même de l'emploi de l'air
comme moteur, nous entendons qu'on exploite
immédiatement nos nouvelles machines hydrauliques et éoliques pour les irrigations, pour la four-
niture des eaux aux villes qui en manquent, pour
l'épuisement des mines et le desséchement des
marais.

Nous mettrons aussi avec confiance sous le pa-
tronage du gouvernement notre entreprise, dont il
comprendra l'importance future. Ceux entre les
mains de qui repose la destinée des états sont plus
tenus que tous autres de prévoir les chances de
l'avenir ; or, le système de nos forces gratuites doit
se recommander à leur attention par des considé-
rations qui échappent aux intérêts privés. Nous le
demandons, sur quelle base est assise aujourd'hui
l'industrie des peuples? sur la houille. Mais en
aurez-vous toujours? n'est-ce pas là une source de
richesses qui doit se tarir en peu d'années? Si
grand que soit un trésor, il se vide bientôt lorsqu'on
y prend sans cesse et qu'on n'y apporte rien. On
aménage les forêts, qui renaissent d'elles-mêmes ;
mais on ne saurait aménager les houillères, qui
ne se reproduisent pas. Savez-vous que la nature a

mis deux ou trois mille ans à la formation de ces
couches de charbon que vous brûlez en quelques
années? L'équilibre peut-il long-temps se maintenir
entre une consommation si active et une production si lente? Je sais bien que sur ce point chacun
se fait isolément illusion. Demandez à ce proprié-
taire combien durera sa nouvelle extraction ; il en
aura pour un siècle au moins : et cependant au bout
d'un an ou deux ses puits seront vides, inondés ou
incendiés. Le catalogue serait long des mines épui-
sées aujourd'hui qui avaient hier la réputation
d'inépuisables. À-t-on remarqué aussi avec quelle
rapidité s'accroît la dépense de ce combustible? Il
y a cinquante ans, et qu'est-ce que cinquante ans
dans la vie d'une nation? la France brûlait à peine
quatre millions de quintaux métriques de charbon ;
aujourd'hui elle en consomme plus de quarante-
trois millions. Que sera-ce donc lorsque toutes nos
villes s'éclaireront au gaz comme Paris, lorsque
nous aurons couvert notre territoire d'un réseau de
chemins de fer, lorsque d'innombrables bateaux à
vapeur sillonneront nos canaux et nos rivières,
lorsqu'enfin chacun de nos bâtiments-monstres,
franchissant l'Atlantique, emportera à chaque
voyage, pour la dévorer, une montagne de houille?
Croit-on que les entrailles de la terre puissent

long-temps suffire à une telle consommation, et n'y
a-t-il pas lieu de craindre que l'industrie par laquelle vivent nos sociétés modernes ne soit destinée, dans un avenir très prochain, à périr faute
d'aliment? Eh bien ! le système dynamique que
nous voulons établir pare à cette désastreuse éven-
tualité : nous venons substituer à un principe dis-
pendieux, incertain, étroitement local et tempo-
raire, un principe gratuit, large, universel et
impérissable. Dans vingt ans, peut-être, les flancs
de la terre, fouillés par les mains du mineur, seront épuisés ; mais il y aura toujours et partout de
l'air, des fleuves et des vents !

FIN.

TABLE DES MATIÈRES.

—

THÉORIE.

(1859.)

APPLICATIONS DIVERSES.

PARTIE EXPÉRIMENTALE.

(1839-1840.)

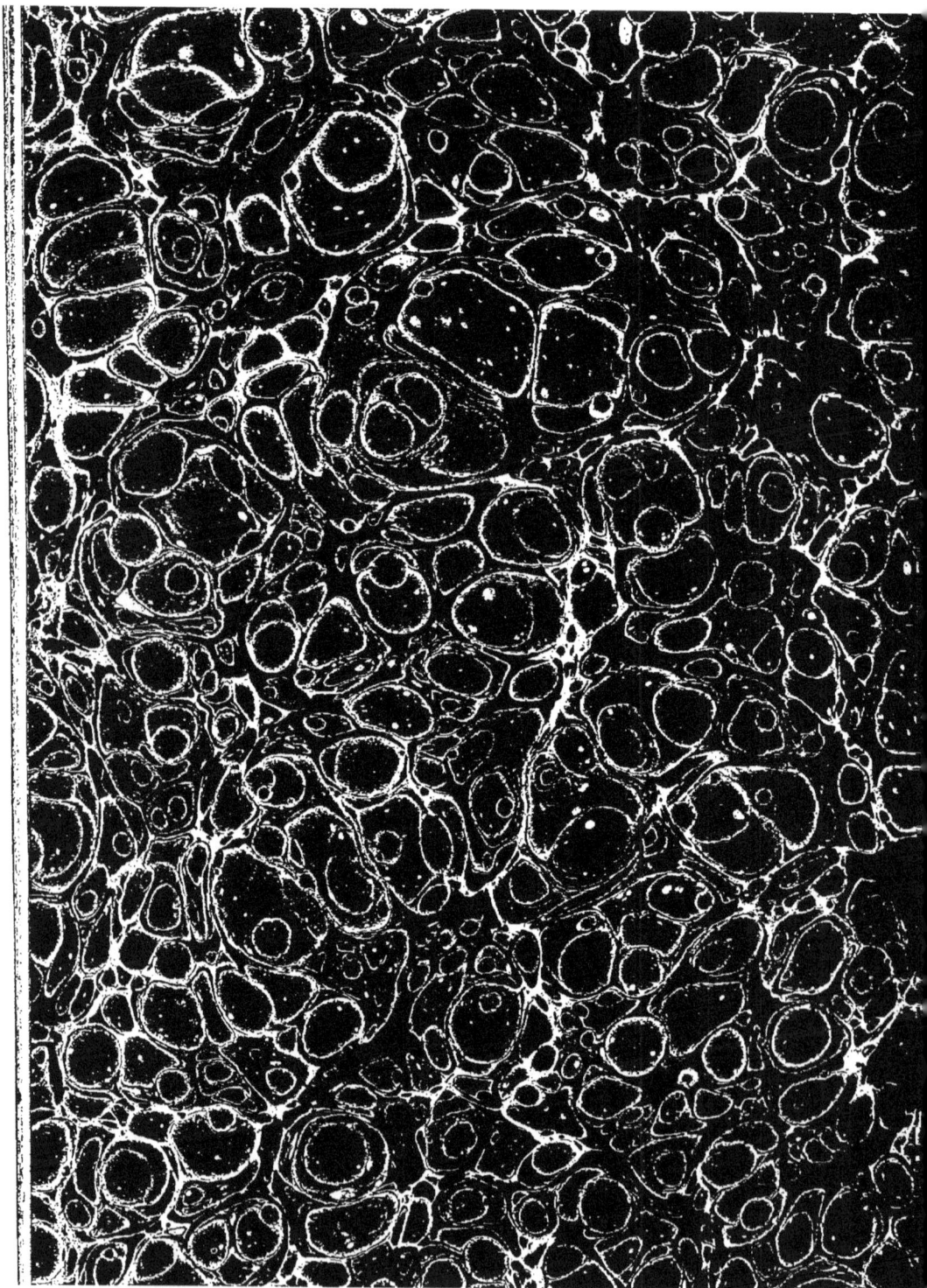

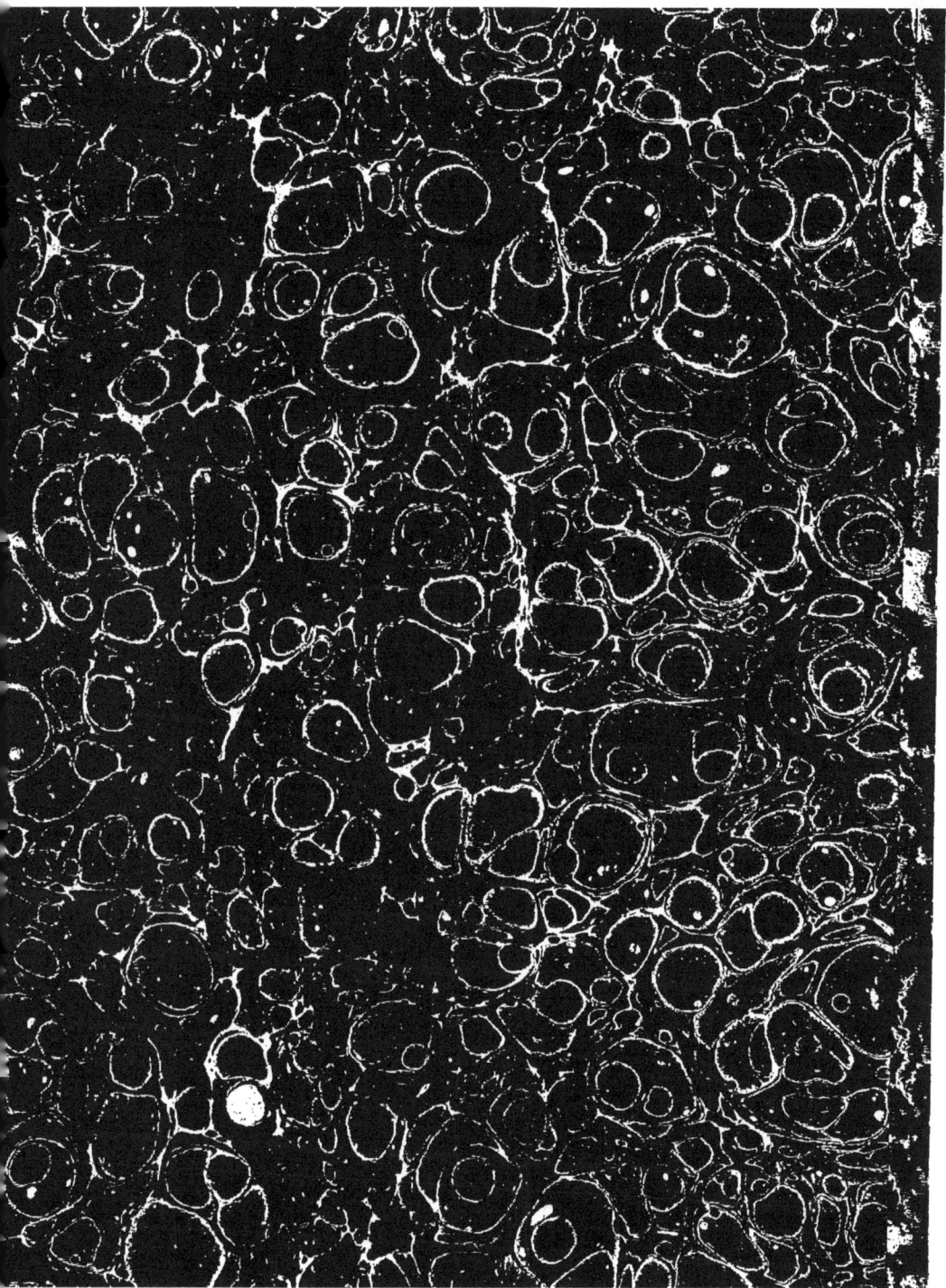